长兴紫笋茶制作技艺

长兴紫笋茶制作技艺

总主编 金兴盛

浙江省非物质文化遗产代表作丛书

钱彬欣 编著

施正强 主编

浙江摄影出版社

总 序

中共浙江省委书记
省人大常委会主任 夏宝龙

非物质文化遗产是人类历史文明的宝贵记忆，是民族精神文化的显著标识，也是人民群众非凡创造力的重要结晶。保护和传承好非物质文化遗产，对于建设中华民族共同的精神家园、继承和弘扬中华民族优秀传统文化、实现人类文明延续具有重要意义。

浙江作为华夏文明发祥地之一，人杰地灵，人文荟萃，创造了悠久璀璨的历史文化，既有珍贵的物质文化遗产，也有同样值得珍视的非物质文化遗产。她们博大精深，丰富多彩，形式多样，蔚为壮观，千百年来薪火相传，生生不息。这些非物质文化遗产是浙江源远流长的优秀历史文化的积淀，是浙江人民引以自豪的宝贵文化财富，彰显了浙江地域文化、精神内涵和道德传统，在中华优秀历史文明中熠熠生辉。

人民创造非物质文化遗产，非物质文化遗产属于人民。为传承我们的文化血脉，维护共有的精神家园，造福子孙后代，我们有责任进一步保护好、传承好、弘扬好非物质文化遗产。这不仅是一种文化自觉，是对人民文化创造者的尊重，更是我们必须担当和完成好的历史使命。对我省列入国家级非物质文化遗产保护名录的项目一项一册，编纂"浙江省非物质文化遗产代表作丛书"，就是履行保护传承使命的具体实践，功在当代，惠及后世，有利于群众了解过去，以史为鉴，对优秀传统文化更加自珍、自爱、自觉；有利于我们面向未来，砥砺勇气，以自强不息的精神，加快富民强省的步伐。

党的十七届六中全会指出，要建设优秀传统文化传承体系，维护民族文化基本元素，抓好非物质文化遗产保护传承，共同弘扬中华优秀传统文化，建设中华民族共有的精神家园。这为非物质文化遗产保护工作指明了方向。我们要按照"保护为主、抢救第一、合理利用、传承发展"的方针，继续推动浙江非物质文化遗产保护事业，与社会各方共同努力，传承好、弘扬好我省非物质文化遗产，为增强浙江文化软实力、推动浙江文化大发展大繁荣作出贡献！

（本序是夏宝龙同志任浙江省人民政府省长时所作）

前 言

浙江省文化厅厅长 金兴盛

要了解一方水土的过去和现在，了解一方水土的内涵和特色，就要去了解、体验和感受它的非物质文化遗产。阅读当地的非物质文化遗产，有如翻开这方水土的历史长卷，步入这方水土的文化长廊，领略这方水土厚重的文化积淀，感受这方水土独特的文化魅力。

在绵延成千上万年的历史长河中，浙江人民创造出了具有鲜明地方特色和深厚人文积淀的地域文化，造就了丰富多彩、形式多样、斑斓多姿的非物质文化遗产。

在国务院公布的四批国家级非物质文化遗产名录中，浙江省入选项目共计217项。这些国家级非物质文化遗产项目，凝聚着劳动人民的聪明才智，寄托着劳动人民的情感追求，体现了劳动人民在长期生产生活实践中的文化创造，堪称浙江传统文化的结晶，中华文化的瑰宝。

在新入选国家级非物质文化遗产名录的项目中，每一项都有着重要的历史、文化、科学价值，有着典型性、代表性：

德清防风传说、临安钱王传说、杭州苏东坡传说、绍兴王羲之传说等民间文学，演绎了中华民族对于人世间真善美的理想和追求，流传广远，动人心魄，具有永恒的价值和魅力。

泰顺畲族民歌、象山渔民号子、平阳东岳观道教音乐等传统音乐，永康鼓词、象山唱新闻、杭州市苏州弹词、平阳县温州鼓词等曲艺，乡情乡音，经久难衰，散发着浓郁的故土芬芳。

泰顺碇步龙、开化香火草龙、玉环坎门花龙、瑞安藤牌舞等传统舞蹈，五常十八般武艺、缙云迎罗汉、嘉兴南湖掼牛、桐乡高杆船技等传统体育与杂技，欢腾喧闹，风貌独特，焕发着民间文化的活力和光彩。

永康醒感戏、淳安三角戏、泰顺提线木偶戏等传统戏剧，见证了浙江传统戏剧源远流长，推陈出新，缤纷优美，摇曳多姿。

越窑青瓷烧制技艺、嘉兴五芳斋粽子制作技艺、杭州雕版印刷技艺、湖州南浔辑里湖丝手工制作技艺等传统技艺，嘉兴灶头画、宁波金银彩绣、宁波泥金彩漆等传统美术，传承有序，技艺精湛，尽显浙江"百工之乡"的聪明才智，是享誉海内外的文化名片。

杭州朱养心传统膏药制作技艺、富阳张氏骨伤疗法、台州章氏骨伤疗法等传统医药，悬壶济世，利泽生民。

缙云轩辕祭典、衢州南孔祭典、遂昌班春劝农、永康方岩庙会、蒋村龙舟胜会、江南网船会等民俗，彰显民族精神，延续华夏之魂。

我省入选国家级非物质文化遗产名录项目，获得"四连冠"。这不仅是我省的荣誉，更是对我省未来非遗保护工作的一种鞭策，意味着今后我省的非遗保护任务更加繁重艰巨。

重申报更要重保护。我省实施国遗项目"八个一"保护措施，探索落地保护方式，同时加大非遗薪传力度，扩大传播途径。编撰浙江非遗代表作丛书，是其中一项重要措施。省文化厅、省财政厅决定将我省列入国家级非物质文化遗产名录的项目，一项一册编纂成书，系列出版，持续不断地推出。

这套丛书定位为普及性读物，着重反映非物质文化遗产项目的历史渊源、表现形式、代表人物、典型作品、文化价值、艺术特征和民俗风情等，发掘非遗项目的文化内涵，彰显非遗的魅力与特色。这套丛书，力求以图文并茂、通俗易懂、深入浅出的方式，把"非遗故事"讲述得再精彩些、生动些、浅显些，让读者朋友阅读更愉悦些、理解更通透些、记忆更深刻些。这套丛书，反映了浙江现有国家级非遗项目的全貌，也为浙江文化宝库增添了独特的财富。

在中华五千年的文明史上，传统文化就像一位永不疲倦的精神纤夫，牵引着历史航船破浪前行。非物质文化遗产中的某些文化因子，在今天或许已经成了明日黄花，但必定有许多文化因子具有着超越时空的生命力，直到今天仍然是我们推进历史发展的精神动力。

省委夏宝龙书记为本丛书撰写"总序"，序文的字里行间浸透着对祖国历史的珍惜，强烈的历史感和拳拳之心。他指出："我们有责任进一步保护好、传承好、弘扬好非物质文化遗产。这不仅是一种文化自觉，是对人民文化创造者的尊重，更是我们必须担当和完成好的历史使命。"言之切切的强调语气跃然纸上，见出作者对这一论断的格外执着。

非遗是活态传承的文化，我们不仅要从浙江优秀的传统文化中汲取营养，更在于对传统文化富于创意的弘扬。

非遗是生活的文化，我们不仅要保护好非物质文化表现形式，更重要的是推进非物质文化遗产融入愈加斑斓的今天，融入高歌猛进的时代。

这套丛书的叙述和阐释只是读者达到彼岸的桥梁，而它们本身并不是彼岸。我们希望更多的读者通过读书，亲近非遗，了解非遗，体验非遗，感受非遗，共享非遗。

2015年12月20日

目录

　　紫笋茶制作技艺（传统技艺）是长兴县继第一批国家级非物质文化遗产项目长兴百叶龙（传统舞蹈）之后又一项被列入国家级非物质文化遗产名录（第三批）的文化瑰宝。

　　茶为国饮。紫笋茶的制作、进贡、饮用，始于唐大历时期。大历五年（770年），长兴顾渚山设置第一家大唐皇家贡茶院，始供紫笋茶500串（斤）。其茶制作堪以"工秀"著称。至会昌年间，紫笋茶赢得宫廷内外的分外青睐，进贡额度迅速攀升至18400串，堪称令人惊讶的"长兴速度"。

　　紫笋茶从其美誉度的攀升，自然有茶圣陆羽的推荐之功。陆羽在长兴考察茶事并写就《茶经》，紫笋茶以"紫者上，绿者次。笋者上，芽者次"而独冠群茶；也有诸如前后"二十八刺史"的贡茶题名，或督茶或品茗，以官方的身份，发出对紫笋茶的渴慕；更有著名茶（诗）僧皎然和皎然之徒"大历十才子"之一的李端、诗人钱起（诗有《送外甥怀素上人归乡侍奉》）和其外甥怀素，还有隐居长兴的甫里先生（陆龟蒙），他们的文化生活都以长兴为中心，与紫笋茶结下了深厚的缘分。当然，紫笋茶能赢得一千多年的赞誉，更在于其忠于古法的独特制作技艺，既有传统之袭承，又有地方之特色。

在大历年间初贡之时，紫笋茶以制作茶饼为主，唐后期又出现团茶，制作时更是"引入顾渚泉烹蒸涤濯皆用之"，显然，此时紫笋茶与顾渚金沙泉已同为贡品，且在制作上，两者相辅相成。宋代紫笋茶的制作是在蒸青后再研膏、模压为龙团茶。明代洪武年间，罢贡龙团茶，紫笋茶在制作上走向烘炒类的条形散茶。如今的紫笋茶制作技艺，基本上沿袭了明代烘炒类条形散茶的制作方法。

《长兴紫笋茶制作技艺》一书的内容基本上遵照"浙江省非物

质文化遗产丛书"出版方案编著。编著者搜集了大量的资料,并通过现场走访、实物调查、观摩古法、请教专家等诸多环节的努力,终于图文稿子初成。

全书由对紫笋茶起源、成名历史与特征的概述引领总括,以"紫笋茶的制作技艺",包含采摘、技艺现状和保护等为主体,又以长兴的名胜遗迹、诗文名篇、民俗传说、品茗三绝、大事记等相辅证,当然还有大量与紫笋茶制作技艺相关的图片,使得全书在条分缕析无形的制作技艺之时,又能让读者有形象可感,无形似有形。

"紫笋"与"子孙"在长兴话里谐音相同,紫笋茶在民间传说中,便有子子孙孙采摘不尽、世世代代有茶可饮之意。紫笋茶制作技艺亦当如此,子子孙孙忠于古法,传承古法。目前,以郑福年、马瑞为代表的长兴紫笋茶制作者,在传承发扬长兴紫笋茶制作技艺的道路上孜孜不倦，传统制作技艺必将继续鲜活地传承下去。

如今，按传统制作的紫笋茶，已经摘得诸多荣誉。1982年、1985年、1989年，紫笋茶分别被商业部、农业部、林业部评为全国名茶；1999年在北京国际农博会上赢得名牌产品之荣誉；2002年紫笋茶被评为浙江省名牌产品；2006年、2007年两次获得中国国际茶业博览会金奖。相信今后还会有更多的奖项值得期待。

紫笋茶制作技艺的发扬光大，不仅仅是传承人的问题，同时也是政府和各界应该极其重视的问题。相信通过多方的共同努力，紫笋茶制作技艺必将更上一层楼，紫笋茶定会香飘天下，这也是长兴人的共同期待。

中共长兴县委常委、宣传部长　王庆忠

2015年1月于长兴

一、概述

紫笋茶，史称顾渚紫笋，产于浙江省长兴县，早在1200多年前已负盛名，是中国历史传统名茶。『紫笋』一名，源于陆羽的《茶经》：『紫者上，绿者次；笋者上，芽者次。』上品紫笋茶色泽带紫，其形如笋，完美地诠释了『紫笋』二字的含义。

一、概述

　　紫笋茶，史称顾渚紫笋，产于浙江省湖州市长兴县，早在1200多年前已负盛名，是中国历史传统名茶。"紫笋"一名，源于茶圣陆羽的《茶经》："紫者上，绿者次；笋者上，芽者次。"上品紫笋茶色泽带紫，其形如笋，完美地诠释了"紫笋"二字的含义。

（一）紫笋茶的起源与成名历史

　　长兴县水口乡顾渚山是茶圣陆羽（733—804年）考察茶事活动的重要地区。相传春秋时吴王阖闾曾派弟夫概到长兴水口一带筑城，夫概环顾此山，悟曰："顾其渚次，原隰平衍，可为都邑之所。"

顾渚山全景（长洽办供图）

茶圣陆羽像

顾渚因此而得名。

唐肃宗上元元年（760年）陆羽28岁，为避"安史之乱"渡江南下，和诗僧、茶僧皎然相遇，两人尤为投缘，陆羽便随皎然来到湖州杼山妙喜寺安身。不久，陆羽移居苕溪草堂。《陆文学自传》[1]云："洎至德初，秦人过江，子亦过江，与吴兴释皎然为缁素忘年之交……上元初，结庐于苕溪之湄，闭关对书，不杂非类，名僧高士，谈宴永日。常扁舟往山寺……"这里证实了在唐肃宗至德初年，因"安史之乱"，陕西、淮河一带百姓为避战乱渡过长江，陆羽也跟随避难百姓渡过长江来到湖州，史称"更隐苕溪"。唐肃宗上元元年，陆羽在湖州苕溪边建了一座茅屋，闭门读书，不与非同道者相处，而与和尚、隐士整日谈天饮茶。陆羽

[1] 《陆文学自传》是我国文学史上第一篇以自传为题的传记文，是陆羽到达湖州后，在唐肃宗上元二年（761年）应诗僧皎然的约请，为浙西诗会的诗友而写。陆羽写此文的主要目的是介绍自己，以求得到各方面的帮助和支持。同时也想让大家接纳自己，让自己尽快融入当地的文化圈子。《陆文学自传》被收入北宋四大部书之一《文苑英华》。

与杼山妙喜寺住持皎然尤相善，故常驾一叶扁舟往返于山寺之间。

据《陆羽年表》载：永泰元年（765年），陆羽根据三十二州、郡的实地考察资料和多年研究所得，起草《茶经》，但又觉尚不成熟，需进一步考察茶事，对《茶经》一稿作充实完善。那时，陆羽热衷于茶事研究，他品评茶叶的水平已得到世人认可，在名僧高士中声名鹊起。据《唐刺史考全编》，时任殿中侍史、屡进工部侍郎的李栖筠遭宰相元载忌之，被出为常州刺史。大历元年（766年），李栖筠闻茶人陆羽栖居湖州，特邀请他到义兴（今宜兴）考察茶叶。唐义兴县《重修茶舍记》载："义兴贡茶非旧也，前此故御史大夫李栖筠典是邦，山僧有献佳茗者，会客尝之，野人陆羽以为芳香甘辣，冠于他境，可荐于上。栖筠从之，始进万两。此其滥觞也，厥后因之征献侵广，

《茶经》书影

仿制的"大唐贡茶"（长兴丰收园茶叶合作社制）

遂为任土之贡。"此段文字详细地记载了陆羽品评推荐紫笋茶的经过。在御史大夫李栖筠赴任常州刺史时，与长城（今长兴）毗邻的义兴产阳羡茶，已为朝廷作贡。《重修茶舍记》云："山僧有献佳茗者。"此"僧"正是顾渚山的一个和尚，献上顾渚产的佳茗，这佳茗就是顾渚紫笋茶！刺史李栖筠请包括陆羽在内的诸位客人品尝顾渚山茶，陆羽品尝后，觉得此茶芳香味浓，好于其他产地，可推荐给朝廷作为贡茶。李栖筠听取了陆羽的建议，同意紫笋茶与阳羡茶同贡。从此，义兴的阳羡茶扩贡到了长城的紫笋茶，遂形成"任土之贡"的惯例。也正由于长城紫笋茶与义兴阳羡茶同贡在先，才有大历五年（770年）长城与义兴"分山析造，岁有客额"在后的记载[1]。

陆羽的忘年之交皎然，志趣禅茶之道，与顾渚寿圣寺住持素有交往，为考茶常去顾渚寿圣寺。宝应元年（762年），陆羽也常随皎然到顾渚寿圣寺考茶。皎然有诗《九日与陆处士羽饮茶》："九日山僧院，东篱菊也黄。俗人多泛酒，谁解助茶香。"其中的"山僧院"指的就是顾渚的寿圣寺。此间，陆羽对顾渚有了钟情。顾渚南、北、西三面环山，大小峰峦郁郁葱葱，绵延不断。其中方（桑）坞、四（狮）坞、高坞、竹坞、矸射山等山坞，山势峭立，翠色似黛，早晚云雾弥漫，山色迷人。登上山顶，往东眺望就是浩瀚万顷的太湖，绿水映

寿圣寺全景

[1] 参考谢文柏先生《顾渚山志》第三章"陆羽与顾渚"。

天，群鸟翻飞，苇絮摇曳，风光无限。陆羽见状正中下怀：这正是一方考察茶事的理想之地！

自此，陆羽决定投身于顾渚山区考察茶事。在皎然的支持和帮助下，陆羽在长城县水口顾渚一侧的尧市山（今石门山）置茶园，对野生紫笋茶生长特性进行研究。明代长兴知县游士任的《登顾渚山记》中"癖焉而园其下者，桑苎翁（陆羽号）也"，意指在顾渚山下开辟茶园的是陆羽。清代《长兴县志》也均有陆羽在顾渚山"尝置茶园"的记载。陆羽在顾渚尧市山有了茶园后，就在茶园内精心培植茶树，研究顾渚紫笋茶的生成条件，并将所获心得载入《茶经》。《茶经》有云："茶者，南方之嘉木也……其地，上者生烂石，中者生砾壤，下者生黄土。凡艺而不实，植而罕茂，法如种瓜，三岁可采。野者上，园者次；阳崖阴林，紫者上，绿者次；笋者上，芽者次；叶卷上，叶舒次。"此为陆羽在长兴水口顾渚山的考茶之悟，实为顾渚紫笋茶题名之祖。

陆羽的《茶经·八之出》一章对紫笋茶的品第，以及对紫笋茶在长兴的产地也有详细记载。"八之出"中对长兴几处产茶地共分三个品第：一"生长城县顾渚山谷，与峡州、光州同"。峡州、光州之茶是山南道与淮南道之上品，则顾渚山谷之茶为上品。二"生乌瞻山（也有版本为：山桑、儒师二寺），天目山、白茅山悬脚岭，与襄州、荆南、义阳郡同"。长兴这些产地之茶被陆羽列为中品。三"生

顾渚茶农在茶山上采摘茶叶（档案照片翻拍）

凤亭山伏翼阁飞云、曲水二寺，啄木岭，与寿州、常州同"。长兴这
些产地之茶被陆羽列为第三品。可见陆羽在大历四年（769年）以前
的几年里，对长兴顾渚山附近各产茶地均经实地考察，而且非常熟
悉并推崇长兴几处茶叶产地。在陆羽的《茶经》中，对长兴紫笋茶
的专门论述篇幅最多。《茶经·八之出》是陆羽曾寓居顾渚撰写《茶
经》和《顾渚山记》两卷的有力证据。皮日休在《茶中杂咏序》中
说："余始得季疵书，以为备矣。后又获其《顾渚山记》二篇，其中
多茶事。"[1]

---

[1] 参考唐重兴先生《大唐顾渚贡茶年表》。

以陆羽《茶经·八之出》原文记载的古长兴的茶叶产地和《长兴县志》及相关资料为依据，笔者再到实地察访，现将长兴紫笋茶有关产地的位置开列如下：

1. 顾渚山。在县西北23.5公里，今水口乡顾渚村境内。唐贡茶院就坐落在顾渚山脚。

2. 乌瞻山。有二岭，位于县城西北15公里，现在小浦镇合溪村境内。

3. 山桑、儒师二寺（即今方坞、四坞二岕）。方坞岕坐落在水口乡顾渚村境内，是叙午岕内的其中一座山岕，位于贡茶院（遗址）西南2公里，是乌头山东侧的一条山岕，与西侧的四坞岕相背，只隔一岭脊。四坞岕在乌头山的西北侧，背靠方坞岕。位于贡茶院（遗址）西约3公里。岕深1公里，朝向西北。

4. 白茅山。《长兴县志》："白茆山县西北七十里（张志）。"现坐落在煤山镇东北的新川村境内。其分水岭以北属江苏宜兴。

5. 悬脚岭。在县城北约22.5公里处，现在煤山镇尚儒村境内。

6. 凤亭山。位于水口乡金山村境内。清《长兴县志》载："凤亭山在县西北四十里，高一百十丈，周四十五里。"《山墟名》记载，昔有凤栖其上，故名。在金山附近，或在金山西北。当在今雷坞岕一带。

7. 伏翼阁（涧）。在县西15公里，涧中多产伏翼，有素翼赤腹，千载倒挂者（笔者按：疑似蝙蝠）。伏翼阁在今小浦镇八都岕。

8. 飞云、曲水二寺。位于小浦镇合溪村境内，系乌瞻山北。

9. 啄木岭（又名廿三湾）。由水口乡金山村向西北8公里，与煤山的悬脚岭相接。分水岭北属江苏宜兴。《长兴县志》："啄木岭与悬脚岭接……山名云其丛薄之下，多啄木鸟，故名。"

陆羽自上元二年（761年）至大历四年（769年）间，来回于湖州杼山与长兴顾渚，专心事茶，时而也去钱塘、越州（今绍兴）等地考察茶事。此时的陆羽，潜心推广他赏识备至的顾渚紫笋茶。

广德二年（764年），陆羽在顾渚为推行"陆氏茶"铸煮茶风炉。

皎然画像

炉为古鼎形，三足设三窗，书二十七字。此事《茶经》有记。大历四年（769年），陆羽携自制的顾渚紫笋茶饼，从顾渚回妙喜寺，烧煮茶汤给朱放、皎然二人品评，二人均认为顾渚紫笋茶为天下第一。此事见《郡斋读书志》及《直斋书录解题》："羽与皎然、朱放辈论茶，以顾渚为第一。"

是年春，陆羽寄紫笋茶给京师国子祭酒杨倌，说"顾渚山中紫笋茶两片，此物但恨帝未得尝，实所叹息。一片上夫人，一片充昆弟同啜"。陆羽自发现顾渚紫笋茶品殊优，到苦心经营顾渚茶业，上荐朝廷，供皇帝试品，得皇帝赏识，历经唐肃宗、代宗两任皇帝，至唐大历五年（770年），顾渚紫笋茶被正式敕列为朝廷贡茶。

也正是从大历五年开始，根据代宗皇帝的诏命，长兴与宜兴分山造茶，于顾渚山虎头岩侧吉祥寺始建我国第一家皇家茶厂——顾渚贡茶院，单独作贡。初贡紫笋茶500串，十年后增至3600串，到会昌中，最高贡额达到18400串。宋嘉泰《吴兴志》记载，当时规定第一批新茶要赶上皇宫的"清明宴"，其余限四月底全部送到京都长安。每年谷雨前，皇帝诏命湖常两州刺史督造贡茶，并在长兴顾渚山西北与江苏宜兴交界处建"境会亭"，共商修贡事宜，鉴评两地贡茶品质，举办茶事盛宴。此期，官员云集，张灯结彩，载歌载舞，盛况空前。并用龙袱包茶，银瓶盛水，限期将贡茶、贡泉送至长安。如制作不精，运送不及时，即要治罪。文宗开成三年（838年），湖州刺史裴元，便因"贡不如法"，贡茶制作不精而被罢官。

唐代顾渚制造贡茶的情景，可从时任湖州刺史袁高的《茶山诗》和李郢的《茶山贡焙歌》中体会到。因皇帝所命，限定清明前将首批贡茶送到长安。"十日王程路四千，到时须及清明宴。"故贞元五年（789年）将清明前要送达京城的紫笋贡茶谓之"急程茶"。当紫笋茶进贡朝廷时，其状况有如时任湖州刺史张文规《湖州贡焙新茶》所描写的"凤辇寻春半醉回，仙娥进水御帘开；牡丹花笑金钿动，传奏吴兴紫笋来"。

当时顾渚制造贡茶的盛事，以及在湖常两州交界的境会亭鉴评两地贡茶品质、举办茶事盛宴等活动，也为中国茶文化留下了许多不朽诗文及文人士大夫的趣事。清康熙《长兴县志》载："唐时每岁吴兴、毗陵二郡太守分山造茶宴会于此。有景（境）会亭，一名芳岩，以岭中为两州之界。"分山造茶、品茗斗茶，因此成为中国茶文化的一个节点而载入史册。因茶圣陆羽推荐的顾渚紫笋茶蜚声天下，朝野品茗风气盛行，紫笋茶自然成了当时供不应求的珍茗，被朝廷设为增贡之列。因大历五年所设贡茶院规模隘陋，贞元十七年（801年）诏由刺史李词重建顾渚贡茶院。宋嘉泰《吴兴志》载："至贞元十七年，刺史李词以院宇隘陋，造寺一所，移武康吉祥额置焉。以东廊三十间贡茶院，两行轩茶碓，又焙百余所，工匠千余人，累月方毕。"《茶经·八之出》也引证了唐代朝廷扩征紫笋贡茶时，仅紫笋茶原产地顾渚山所产贡茶已无法满足贡额所需，因此，毗邻的茶山区也曾经被纳入紫笋贡茶的产地。

顾渚紫笋茶在唐代连续进贡八十多年。唐末宋初，贡茶主产区转至建州（即福建），但紫笋茶仍是贡茶。许多著名人士一再加以称颂。苏轼在《将至湖州戏赠莘老》诗中说"顾渚茶芽白于齿"。陆树声《茶寮记》称"开宝中，窦仪以新茶饮予，味极美，奁面标云龙坡子茶，龙坡是顾渚之别境"。游士任《登顾渚山记》称顾渚山"侧有明月峡，两山对峙壁峭，茶生其中，香味若兰"。直到清顺治三年（1646年），长兴知县刘天运因"山寇未清，茶地榛芜"，申请"豁役免解"。至此，从唐延绵至宋、元、明末，紫笋茶作为朝廷贡茶，连续进贡876年。其进贡历史之悠久，可谓中国贡茶之最。

（二）紫笋茶的成名环境

紫笋茶在历史上享誉悠久，曾是唐皇亲赐封贡的名茶，是江南太湖山水中镶嵌的一颗璀璨明珠，可谓物华天宝。以笔者拙见，其

《长兴县志》载顾渚山地形图

成名之因有如下五条：

1. 茶圣点拨。紫笋茶的成名应首先追溯此茶1200多年的悠久历史。陆羽在长兴顾渚一带山区考察茶事，并在《茶经》中以较多笔墨记载了他在考察顾渚茶事中的真实感悟。《茶经·八之出》是专门评价唐代各地茶叶品级的篇章，其中对湖州长兴的产茶记述最详，可见其对紫笋茶的推崇。

顾渚山从中唐开始在全国名声大震，这除了代宗以后历代皇帝对紫笋茶的偏爱外，还与茶圣陆羽的《茶经》、裴汶的《茶述》对顾渚山、紫笋茶的大量记述有着极大的关系。所以，陆羽的《茶经》和紫笋茶的出现，是催生中唐时期茶产业、茶文化勃兴的标志。正如

湖州妙峰山慕羽坊

先驱学者林正三先生所述，中唐以后，由于陆羽的提倡，茶道更是风靡天下。也正是由茶圣陆羽的点评及荐贡而奠定了紫笋茶成名的历史基础。

2. 天赐美境。紫笋茶生长于天目山向东北延伸的余脉之中。《茶经·八之出》中提及长兴境内的产地有顾渚山，乌瞻山，天目山，白茅山悬脚岭，凤亭山伏翼阁飞云、曲水二寺，啄木岭等十处毗邻山区。最著名的是紫笋茶原产地长兴水口顾渚山。这里层峦叠嶂，大涧中流，又面朝万顷水面的浩瀚太湖，冬季有黄龙头、乌头山、悬臼山等山峰阻隔西北寒流和风沙侵袭，春夏又能吸纳来自太湖的暖湿气流，常年降雨量达1600毫米，早晚云雾缭绕，弥罩山谷，

顾渚古茶山古径幽竹

群山坡地植被丰富，林深叶茂。在阳崖阴林的环境中，生长着成条状或块状的茶树，既能接受茶树所需的阳光漫射，通过光合作用，积累自然界赐予的丰富养分，形成带有紫色的芽叶；又能免受伏夏酷日的直接照射伤及茶树的生长。这种生长环境正如皎然在《顾渚行寄裴方舟》中所述的"阴岭长兮阳崖浅"，又如晚唐诗人皮日休在《茶中杂咏·茶坞》中所描绘的"岩镬云如缕""白花满烟雨"之意境。顾渚山的自然环境极宜种茶。

3. 土壤优厚。顾渚山所生长的茶叶能成为茗中之甲，这同顾渚茶山土壤的优厚密不可分。顾渚山一带的土地均属山水长期冲刷形成的烂石地，是紫笋茶自然生长的良土优壤，也正是陆羽在《茶经》中所述的"上者生烂石"。长兴农业科研部门曾对顾渚山谷几条产茶山坞的地表进行考察，那些茶地的表面上有着大大小小的沙石块，被当地茶农称作"烂石"。在这烂石上方有修竹茂林遮蔽，每年有大量的枯枝败叶飘落在烂石之中，形成富含有机质的冲积土（属乌沙土），其土层厚，氮磷钾有机质含量高。浙江省农业厅土壤研究所曾对顾渚四（狮）坞岕古茶山产区的土壤进行抽样化验：有机质含量达6.2%，其中全氮占0.364%，全磷占0.107%，速效钾为91ppm，pH值为5.4。因此，顾渚茶山上的茶树从不施肥，茶农只需每年人工在茶山上清理柴茅一次，长在烂石缝间的茶苗就能生根繁殖，自然生长成嫩绿的茶树。那些茶树历经千年，仍能自然生长

方（桑）坞岕古茶山上的"烂石"地形

旺盛。顾渚山坞里的紫笋茶叶，盛夏时，叶型肥厚，叶色浓绿，最长的叶片有14厘米左右，叶宽7厘米左右。春茶采摘的季节，茶芽肥壮而带茸毛，节间较长，叶以披针和椭圆形为主。用此茶芽制成的紫笋茶，味甘香浓，经泡耐喝。经有关部门测定，顾渚山谷所长的紫笋茶，茶多酚含量最高达26.9%，氨基酸3.4%。

1987年6月上旬，江苏省知名茶叶专家张志诚先生（时任江苏宜兴县政协副主席）前往顾渚考察茶事。现场作陪的是时任湖州市政协委员、湖州市陆羽茶文化研究会常务理事王林福。之前张先生认为宜兴名茶阳羡茶和长兴顾渚紫笋茶均为唐代贡茶，茶叶的土壤生长环境一定相仿。他在顾渚的古茶山上实地考察后，亲眼见到顾渚茶山上自然形成的烂石土，这是其他茶区无法比拟的土壤条件。他由衷地感叹："今天我总算实地看见了紫笋茶生长的烂石土，这和陆羽在《茶经》中所写的一模一样，真是百闻不如一见！"

4. 技艺独特。紫笋茶具有悠久、独特的采摘与制作技艺，是当地茶农勤劳和智慧的结晶。独特、精细的采摘与制作技艺，使紫笋茶外形紧致，条索完整，香气馥郁，汤色清澈，茶味鲜醇而回味甘甜。

5. 文化相融。长兴紫笋茶负有盛名，不仅得益于浩渺太湖之滨、天目山余脉的优异环境，更因顾渚山独特、丰厚的文化传承。至今，在历经千年风霜的顾渚山上，仍保留着大量珍贵的茶文化遗存和历史记忆。当世人步入水口顾渚山时，如同遨游在顾渚山紫笋茶

方坞岕的阳崖阴林

文化的海洋里，处处飘逸着茶文化的气息：贡茶院飞阁流丹，境会亭、清风楼遗址尚存；忘归亭畔，金沙泉依然汩汩而流；镌刻在白洋山（银山）、斫射山、悬臼岕石壁上的三组九方唐宋摩崖石刻，清晰可见。让人为之一振的是乌头山两侧方、四二坞的唐代古茶山，千年紫笋茶依然生长茂盛，生机盎然。千年前，立春喊山，入境拜泉，古茶山上遍地红旗，水口码头画舫遍布，万人采摘，千匠烘制，龙袱包茶，银瓶盛水，十日驿程飞马送长安；茶山吟诗，青娥献舞，境会斗茶，摩崖题记，片片香茗传承风雅。犹如茶圣陆羽等古代圣贤，依然栩栩如生，论茶于顾渚山谷，一幅千年茶事文化的壮丽画卷仍展于世人眼前。

千年贡茶紫笋蕴含了丰富的文化内涵。如今讲茶礼、习茶俗、重茶德像一杯浓郁的茶水，已从顾渚山向外散发出茶乡风情和古朴民风，她以美丽的风姿，盛唐的气韵，贡茶的魅力，吸引着各方茶人。

[贰]品质特征及价值

（一）紫笋茶的特征

紫笋茶芽色带紫，芽形如笋，芽叶肥壮。茶叶入汤煮泡后，茶汁碧绿如茵，兰香扑鼻，甘味生津。紫笋茶独特的形状、色泽和风味，是区别于其他茶叶的最大特征。

紫笋茶除了内质特性优于其他茶，其生长特性也与众不同。

陆羽《茶经》曰："茶之笋者，生烂石沃土，长四五寸，若薇蕨始抽，凌露采焉。茶之芽者，发于丛薄之上，有三枝、四枝、五枝者，选其中枝颖拔者采焉。"陆羽在这里虽然讲的是采茶，但实际上也介绍了紫笋茶的特性。紫笋茶生长在烂石较多的溪涧两侧的石隙里，那里潮湿、避光，且是腐殖质集中的地方，因此到了春天，茶树新梢长势旺盛，才会出现茶芽"长四五寸，若薇蕨始抽"的奇观。这种现象，一般出现在谷雨前后从老枝根部萌生的新枝嫩芽中。

自然环境中生长的紫笋茶，新梢长势旺，发芽整齐，叶片茸毛较多。紫笋茶的芽叶生育力、持嫩性较强。一芽一叶盛长期在4月上旬，产量高，春茶每亩最高可达12公斤。

据原浙农大植物生理研究组测定：紫笋茶叶厚平均为274.4微米，叶片的栅栏组织为一层，平均厚度90.78微米，比山区一般茶树的叶片少1—2层，因而海绵组织厚，平均厚度为131.52微米。另据原浙农大植物生理研究所对长兴紫笋茶与景宁惠明茶作化学成分分析，认为紫笋茶具有独特的香味，主要氨基酸的含量较高。干物质达到1%以上，多酚类千重23.49%，氨基酸含量为1897.15毫克，儿茶素达116.27毫克，维生素C达223.70毫克，可溶糖的千重含量为7.88%。对比结果，除了儿茶素一项，其他指标均高于曾获巴拿马金奖的景宁惠明茶。

春天的紫笋茶芽

（二）紫笋茶的价值

1. 历史价值。紫笋茶的历史悠久。唐代茶圣陆羽亲临长兴顾渚山考察茶事，他发现并亲手培育了顾渚山紫笋茶，又将其发现和培育紫笋茶的经历及感悟写入《茶经》。紫笋茶开始只是生长于野山荒坡中，后被农家用于解疲止渴，再后来被作为朝廷贡品，直到如今成了闻名国内外的珍茗，这一瓣小小的紫色叶片，在这一千多年的演变中，蕴含着中华民族的生产、生活智慧，折射出中国历史发展中的时代背景、文化趋向，对研究我国的民俗文化、时代政治、经济发展、社会进程乃至宗教信仰等，具有重要而独特的价值。如果从历史进程中多角度地考察、研究顾渚紫笋茶事的演变过程，定能撰写出一部具有珍贵史料价值的茶史演义。

2. 文化价值。紫笋茶文化是中华茶文化历史宝库中的一颗璀璨明珠。从陆羽考察命名顾渚山紫笋茶，并研制推荐给皇帝，被朝廷定为贡茶开始，为中华茶文化留下了彪炳史册的不朽诗文、千古绝唱、悲欢故事、离奇传说、名人轶事、名胜古迹，也体现了中国自古以来圣贤名流对茶文化的执着追求。

张全镇先生主编《历代紫笋茶诗文录》一书，潜心收编了关于紫笋茶文化的"茶泉诗粹"。其中涉唐至五代的著名诗人：陆羽、皎然、颜真卿、白居易、皇甫曾、钱起、袁高、张文规、刘禹锡、杜牧、皮日休、陆龟蒙、李郢等29位，诗文70篇；涉宋至元代的诗、词名家：王安石、苏轼、王十朋、陆游、梅尧臣、杨维桢、沈贞等19位，诗词46

湖州妙峰山陆羽墓

篇；涉明清知名文人：李日华、金守元、朱升、钱大昕、鲍鈜、汪士慎等31位，诗文37篇；涉近代及当代文人学者：郭沫若、庄晚芳、凌以安、严在宽等31位，诗文46篇；收入紫笋茶文化的"历代文摘"57篇，涉及历代知名文人学者54位。因紫笋茶而留下的历史名胜遗迹：贡茶院、吉祥寺、境会亭、忘归亭、金沙泉、清风楼、摩崖石刻等26处。

　　紫笋茶在形成和发展过程中，还融入了中华民族的儒学思想，佛家禅念。茶圣陆羽自幼失怙，被竟陵（今湖北天门）古禅龙盖寺高僧智积收入佛门。每天除修禅打坐外，忙于用寺内井水煮茶汤、茶粥。相传，寺院僧人修禅打坐，时久必困，便饮茶提神解乏，既能持久打坐，又不犯打坐禁食的佛门规矩。为此，寺院都热衷于植茶培茶，倾注于制茶、煮茶之技。在唐、宋禅风大盛时期，几乎寺必备茶，僧必饮茶，禅与茶形影相随。茶圣陆羽天资善茶，他所调煮的茶汤、茶粥，茶味悠远绵长，深得老僧智积所爱。然陆羽却无心修禅，终别智积禅师，离开佛门。后来，陆羽与杼山妙喜寺住持皎然成了缁素忘年交，佛禅也成了茶圣的人生之缘。陆羽在《茶经》中有不少对佛教的颂扬和对僧人嗜茶的记载。在茶事实践中，在茶道与佛教之间找到越来越多的思想内涵方面的共通之处。据传，顾渚群山拥抱中的千年古刹寿圣寺，始建于三国赤乌年间，距今已有1700多年历史。因顾渚茶事极盛，皎然等唐代高僧均驻足于此，陆羽也曾在寺院与修禅高僧品茶论道，留下了顾渚山水中贡茶、佛茶融于一体的和谐之音。

　　细品顾渚山水崖壁上的千古题咏与秀丽诗篇，又无不烙有传统风范在茶韵中的思想印迹，足见自唐代以来的千百年历史文化蕴含在茶道中。

　　3. 养生价值。《茶经·六之饮》述："茶之为饮，发乎神农氏，闻于鲁周公。"而最早提出茶的药用价值的是东汉的《神农本草经》中"神农尝百草，日遇七十二毒，得荼而解之"的传说。"荼"就是现在的"茶"。历史上从吃茶治病发展到以治病、防病为目的的日常饮

湖州妙峰山皎然灵塔

茶。到唐代，饮茶已成为上流社会普遍接受的嗜好，并发展成为一种被视为"养身珍品，不可一日无之"的国饮。唐代刘贞亮把饮茶的好处归纳为"十德"："以茶散郁气，以茶驱睡气，以茶养生气，以茶除病气，以茶利礼仁，以茶表敬意，以茶尝滋味，以茶养身体，以茶可行道，以茶可雅志。"充分体现了当时丰富的茶医药和茶文化内涵。

顾渚紫笋茶包含人体所必需的维生素类、蛋白质、氨基酸、糖类及钙、铁等多种营养成分和矿物质元素，化合物多达500种。如茶多酚、咖啡因、脂多糖等，都具抗氧化、防衰老的保健及药用功能。由农业部茶研所测定，紫笋茶的含硒量为0.062mg/kg，说明紫笋茶产地的土地含硒量较其他地方丰富。硒对人体健康能起到较为有益的作用。

紫笋茶中的咖啡因能兴奋中枢神经系统，帮助人们振奋精神、增进思维、消除疲劳、提高工作效率。紫笋茶中的咖啡因和茶碱，还可用于治疗水肿、水潴留。紫笋茶还具有强心、解痉、松弛平滑肌的功效，能解除支气管痉挛，促进血液循环，止咳化痰，是治疗支气管哮喘、心肌梗死的良好辅助药物。

紫笋茶中的茶多酚和维生素C都有活血化瘀、防止动脉硬化的作用。经常饮用紫笋茶，有助降低高血压和冠心病的发病率。紫笋茶中的茶多酚和鞣酸作用于细菌，能凝固细菌的蛋白质，将细菌杀死；还可用于治疗肠道疾病，如霍乱、伤寒、痢疾、肠炎等。皮肤生疮、溃烂流脓，外伤破了皮，用茶汤冲洗患处，有消炎杀菌的作用。饮用紫笋茶，对口腔发炎、溃烂、咽喉肿痛有一定疗效。茶多酚和维生素C能调节脂肪代谢，降低胆固醇和血脂，所以常饮紫笋茶能消脂减肥。

紫笋茶中还含有氟，氟离子与牙齿的钙质有很大的亲和力，能变成一种较为难溶于酸的氟磷石，就像给牙齿加上一个保护层，有助提高牙齿防酸抗龋能力。另据报道，绿茶中富含的茶多酚与抗癌药赫赛汀结合，可以变成一种稳定而有效的复合药物直击肿瘤部位，还能延长药物在血液中的半衰期，使药力更持久，而且副作用较小。

4. 经济价值。紫笋茶具有较好的市场品牌效应。紫笋茶的种植效益的逐年提升已成为长兴现

杯中的紫笋茶

代农业经济的增长点。2014年长兴县有茶园总面积10.45万亩，其中紫笋茶4.33万亩，投产面积4.16万亩，在紫笋茶原产地水口乡有1.1万亩，经开辟整理后，以顾渚山为主的原生态野生茶山已有2600亩。建有紫笋茶生产基地20个，面积为8000亩，有1.5万亩茶园被列入农业部无公害农产品生产基地，0.805万亩批准为绿色食品茶基地，0.55万亩获准有机茶认证。2014年紫笋春茶产量245吨，总产值1.6亿元。紫笋茶深受国内外消费者青睐，具有较高的经济价值。2014年大唐贡茶公司加工干茶1800斤，其中1000斤的价位在1000元/斤，其余的价位在500—600元/斤。可见紫笋茶产业已成了长兴发展现代农业经济、增加农民经济收入的好途径。

长兴地处长江三角洲中心腹地，在长三角都市旅游经济圈内，距沪、宁、杭，苏、锡、常等大中城市均在200公里以内，两小时内车程均可到达。随着城际高铁的开通，交通更为便利。而长兴水口顾渚是紫笋茶的发源地，茶圣陆羽《茶经》的修著地之一，其紫笋茶久负盛名，金沙泉四海享誉。那里三面环山，东临太湖，境内山水秀丽，冈峦叠翠，空气清新，风光旖旎，堪称是"上海的后花园"。始建于唐大历五年（770年）的顾渚大唐贡茶院，是中国历史上第一座专门为朝廷加工茶叶的皇家茶厂，现贡茶院遗址及摩崖为国家重点文物保护单位。新建的大唐贡茶院由陆羽阁、吉祥寺、东廊、西廊四个部分组成。以展示茶圣陆羽生平和《茶经》为主的陆羽阁，与供奉文殊菩萨的吉祥寺，南北对峙，雄踞于苍松翠林之中，昭示着禅茶一味的理想境界；西廊由名人典故、摩崖石刻、二十八刺史三大部分组成；东廊的贡茶制作、品茗三绝、贡茶知识、宫廷茶艺表演等内容则反映了贡茶的历史渊源。这些都为开发以顾渚紫笋茶文化为主题的旅游经济提供了得天独厚的条件。

随着顾渚紫笋茶文化与旅游经济的不断拓展，紫笋茶旅游文

紫笋茶包装样品

顾渚的农家乐

化产品也不断丰富。顾渚山的农家用紫笋茶制作的菜肴已成了当地农家乐的特色餐饮。如"紫砂护国茶",用三分之二的野菜叶子,加上三分之一的茶叶掺和做成羹,颜色油绿,口感清香、淡雅。还有用茶叶、茶根、茶茎的汁水与菜肴一同烹制,使菜肴茶香四溢,具有健脾、生津之功效。目前,水口茶乡已形成了农家客栈(农家乐)、特色民宿和精品酒店三种类型的旅游产业。顾渚山坞里已有农家客栈325家,享誉江南,成为上海、江苏、浙江等地游客常年旅游度假的福地。2013年共接待游客180万人次,黄金周期间日均接待游客达1.2

万人次，旅游收入3.5亿元。

水口茶乡旅游的兴起，为当地农民提供了大量的就业机会。以顾渚村为例，2013年从事农家乐旅游业的已占全村劳力的80%，有一半以上农家乐的营业额超过100万元，户均营业额约70万元，户均净收益20余万元。

与紫笋茶文化相关的工艺品也具有较广阔的开发前景。尤其是"品茗三绝"中的紫砂壶，在国内外具有较高声誉，既有实用价值，又有收藏价值。紫笋茶文化在旅游服务业方面也有其独到的一面。顾渚茶乡的茶艺表演具有浓郁的地方特色，是各类庆典活动中的一个重要娱乐项目，使人们在品茗的同时尽享茶香、茶韵；又在清幽淡雅的茶香与茶韵中，感悟到人与自然的和谐之美。春季组织游人上茶山采茶，进茶棚制茶，体验茶农的传统生活，让人们享受茶乡的自然之美。

5. 推进城镇化发展的价值。城镇化发展已成为我国经济发展的战略点。在推进城镇化进程中，发展乡村旅游业也应是一个优良选项。水口茶乡旅游业的发展，明显带动了长兴的城镇化进程。首先，水口茶乡的产业结构发生了变化。原来以粮、茶、油生产为主的农业人口，因旅游业的发展，有60%以上的农业人口从事旅游业及延伸产业；再是茶乡旅游业的发展，有大量城市人口前来旅游度假，使农民传统的生活方式及生活理念逐步向城镇化演变；三是水口

　　茶乡旅游业的发展，使农村的环境也发生了质的变化。道路规格、住宅样式、公共活动场所的布置都按旅游景区标准设计建设，充满着城镇化气息；四是水口茶乡旅游业的发展，也为周边旅游景区及长兴县的中心城镇带来人气。现在水口茶乡景区常驻5个旅游运输公司。

二、紫笋茶制作技艺

紫笋茶既传承保留了自唐代以来一千多年的采摘制作技艺，体现了紫笋茶采摘及制作技艺上精、细、纯的特有风格；又在时代的演变中在采摘及制作技艺上有了新的充实、完善和提高，使紫笋茶的形状、色泽、香味更显得古朴、淡雅、甘醇。见其状，观其色，嗅其香，品其味，能让人联想到群山溪涧中茶园的翠绿与幽香，采茶与制茶人的精细与专注，让人联想到古时品茶鉴水，斗诗题词的风流。这也正是品饮紫笋茶的文化内涵所在，可给现代人繁忙的生活带来静逸。

二、紫笋茶制作技艺

紫笋茶是浙江省首个有部级农业行业标准的茶叶类产品。其原料品种和加工工艺独特，既传承保留了自唐代以来一千多年的采摘制作技艺，体现了紫笋茶采摘及制作技艺上精、细、纯的特有风格；又在时代的演变中在采摘及制作技艺上有了新的充实、完善和提高，使紫笋茶的形状、色泽、香味更显得古朴、淡雅、甘醇。见其状，观其色，嗅其香，品其味，能让人联想到群山溪涧中茶园的翠绿与幽香，采茶与制茶人的精细与专注，让人联想到古时品茶鉴水，斗诗题词的风流。这也正是品饮紫笋茶的文化内涵所在，可给现代人繁忙的生活带来静逸。

[壹]栽培与采摘

顾渚紫笋茶的栽培采用原生态的培育方式。顾渚茶山有被《茶经》称作"烂石"的土壤条件，面朝太湖充分汲取太湖自然水汽的空间，西北侧三面环山阻隔寒流的天然屏障，为紫笋茶的生长与栽培提供了独特的自然生长环境。顾渚的古茶山已有千年以上的历史。顾渚山区的野生紫笋茶，80%以上都生长在海拔百米以上溪涧两侧的烂石间或砾壤中，在夼外人工栽培的平地茶园，所占的比例较小。

茶农只需一年一度将茶山上的柴茅清理掉,并将清理下来的柴茅堆在茶树根旁,即会变成自然的有机肥,足够茶树的营养。在一年一度的柴茅清理中,要适度留些灌木,以保持茶树所需的阳光漫射。每年夏初,要对茶山上的茶树进行必要的修剪,保持茶树枝条形状整齐,使茶树在来春冒出的茶芽也较整齐,既便于采摘,又能提升茶芽质量。现在,顾渚的茶农对茶山上茶树较稀的地方,也进行补栽。补栽的方法主要是进行茶苗扦插。扦插选在江南黄梅雨季进行,扦插时要挑选好的茶树嫩枝,插入需补栽的山土里,然后用茶山上的茅草掩盖即可。对茶山上已枯老的茶树,入秋时要砍伐掉。当年砍伐,当年的茶树根即会冒芽生枝,而且嫩绿粗壮,第二年春季就有茶芽

"非遗"传承人郑福年在茶山上培育茶树

可采。而砍伐下来的茶树干枯后，当地茶农用来烧饭。同时，茶山顶必须"留帽"，即茶山顶的植被一定要保留完好。一则能使茶山保持生态水源，二则茶山顶有茂密的植被，随着四季气候的变化，枯叶、野草会顺着山顶的水流漂入烂石的缝隙中腐烂，即成茶树所需的自然有机肥料。因此，顾渚紫笋茶不施肥，每年只采摘春茶一季，其茶叶的质量自然优殊了。

传承至今的紫笋茶采摘技艺，蕴含着当地世代茶农在育茶采茶中积累的经验，是勤劳、智慧的结晶。适季、候天、观芽是顾渚山茶农最传统的采茶三诀。陆羽在《茶经》中所叙："凡采茶在二月、三月、四月之间。"就是指唐时顾渚山的山茶只采春天一季，而农历的二、三、四月均在清明至谷雨间，即是采春茶之季。

茶农在采茶季来临前，需准备好采茶、制茶的器具，观察茶芽的长势，把握采摘时令。紫笋的上品茶，均以一旗一枪为标准，枪之芽壮如笋，旗之叶撑如卷。按季推论，分明前茶与雨前茶。明前茶即清明前采摘的茶叶，此时节所采摘的茶叶，有精细、嫩绿，茶味淡雅的特色。一般三斤七两青茶制一斤上品干茶。唐代湖州刺史杜牧有诗："笙歌登画船，清明十日前。"李郢诗："十日王程路四千，到时须及清明宴。"这是说紫笋贡茶的时间，必须在清明前十日采制好，清明节必须到京，并在当日供皇帝用来祭祀和宴请王公大臣。凡清明节到京的茶叶，谓之"急程茶"，凸显了顾渚紫笋明前茶的高雅珍贵。而雨前茶指在谷雨前采摘的茶叶，此时节所采摘的茶叶，叶色浓绿，茶味醇厚，经泡耐喝。一般四斤二两青茶制一斤上品干茶。

唐时采茶讲究采候，采候含有两层意思：一是要适季；二是要候天。"问茶之性，贵知采候。太早其神未全，太迟其精复涣。"清代刘长源的《茶史》对采候中的适季讲得较为具体："前谷雨五日间者为上，后谷雨五日间者次之，再五日再次之，又再五日又再次之。"这里指采摘春茶，以谷雨为准，在谷雨前采摘的雨前茶，其品味绝对是上品。其理也缘于此，这可谓是适季。

采紫笋茶在适季的前提下，还得候天，这是采候的第二层意思。《茶经》中记载了紫笋茶的采摘，对气象条件等方面的苛刻要求："其日有雨不采，晴有云不采。晴，采之……""凌露采焉。"采摘茶叶还得视当天的天气状况而定。唐时以"凌露无云"为上佳采候。古人认为带露水采的茶，加工后香气足。唐代秦玉韬在《紫笋茶歌》中云："天柱香芽露香发，烂研瑟瑟穿获蓂。"强调要在早晨露水里采茶。李郢的《茶山贡焙歌》中有："凌烟触露不停采，官家赤印连帖催。"为采上品芽茶，茶农清晨便冒着浓重露水不停地在茶丛中寻找茶芽。霁日融和，采候次之，也就是指虽晴但有云层的天气，所采茶叶相对差一些；而下雨天就不能采摘，定会影响茶叶质量。直至现在，顾渚山的茶农下雨天依旧不上山采茶。一是因雨天采摘茶叶，其芽叶沾手，不易采摘；二是雨天采摘的茶叶水分太多，

顾渚山的采茶姑娘

水口乡紫笋茶园之一（档案照片翻拍）

不易晾干，甚至因水分过多，使芽叶发热而闷黄，影响茶叶的质量。

观芽是紫笋茶采摘的最基本的技艺要求。要选择"茶之笋者，生烂石沃土，长四五寸，若薇蕨始抽，凌露采焉。茶至芽者，发于丛薄之上，有三枝、四枝、五枝者，选其中枝颖拔者采焉"。这是《茶经》中对紫笋茶采摘最直接、最基本的技术要求，也就要求采茶者要按芽状的统一规格进行采摘。长兴水口乡顾渚村紫笋茶制作技艺第四代传承人郑福年口授："采摘紫笋茶很有讲究，一般要采摘一芽一叶，或一芽一叶一卷；采摘时还要挑选形态、色泽、规格相似的茶芽。否则会造成茶叶形状不一，影响茶叶的外观和质量。"这也说明了采摘紫笋茶时观芽的重要性。

采摘紫笋茶还得讲究采摘的指法，一定要用两个指头在一叶一芽的开叶处下手，叶芽不能用手指掐，否则指甲掐断的地方，茶叶就会发黑，影响茶叶的质量，所以必须用手指捏住叶芽往上拎摘。在采摘茶叶时，要求不带老梗、老叶和夹蒂，同时要求每个茶丛按顺序从下采到上，从内采到外，不漏采，不采小养大，应采的全部采净。

采摘紫笋茶时随身盛放茶叶的器具也大有讲究。顾渚的古茶山十分陡峭，茶农为便于攀山采茶，古时采茶的器具只是一块拴腰裙。拴腰裙系棉布所做，大约三尺见方，采摘茶叶时，将它系在腰部，然后用左手将拴腰裙下方的两只裙角撩起捏住，形成一个布兜，用右手采摘茶叶，往布兜里扔。拴腰裙里的鲜茶叶会随采茶人的挪动而动，茶叶的清香味也会随之散发，故采回家后的青叶稍许摊晾即可。但是，茶叶随布兜的挪动，也易擦伤茶芽，影响茶叶质量。所以，现在采下的茶叶均用篓兜盛放。采茶人可将篓兜系在腰上，这样左右手可同时采摘，能提高采摘速度。而且，茶叶盛放在篓兜里清香味也不易释放，鲜叶采回家后得放在竹匾里摊晾后才会慢慢释放茶香味，其质量更有保证。

[贰]制作流程与工艺

紫笋茶的制作流程经过了一千多年的演变，从成茶的形态到制作技艺经历了以下几个阶段：唐代贡茶以蒸青作饼为主。宋代的紫笋茶仍是蒸青，但经研膏、模压为龙团茶。元末明初，渐改蒸青为炒青。明洪武年间罢龙团茶，以芽茶作散茶。自此才有我们现在看到的散茶形态。几经流转，紫笋茶的传统制作工艺，仍保留在顾渚民间，有融合了唐宋时蒸青作饼、作团制法余韵的茶饼制作技艺，也有受明代铫炒法影响的炒制技艺。

（一）炒青紫笋散茶的制作流程与工艺

据"非遗"传承人口述以及当地茶农回忆，顾渚民间的紫笋茶散茶加工过程，从采摘到加工，包括最后对成品茶叶的贮香、品验、包装，总共要经历14道工序，历时10—15天。

1. 采茶。这道工序就是按要求适时地将茶芽采来，一般在清明至谷雨时期进行。依古训：唯晴天可采；采时必选阳崖阴林之茶地。

采茶要求一芽带一叶，芽必肥硕，叶必初展。

2. 分拣。采下的茶芽称为青叶，要及时薄摊于竹匾上，并在第一时间将混入其中的杂物及不合要求的芽叶一一剔去。这道工序必须心细、负责，常由妇女承担。

3. 摊青。青叶拣净后，放在竹匾上摊青，以使芽叶柔软、散发青草气。摊青过程一般持续4—6小时，每隔半小时翻动一次，翻动要轻、匀。

4. 杀青（包括理条）。杀青是整个制茶流程中最关键的一道工序，成茶最终之优劣与此道工序有极大关系。杀青前，先将锅烧热，为生成顾渚茶特有的清灵之香，锅温要求在240℃以上；杀青时将150克青叶投入锅中，即能听到"噼噼啪啪"的声响；同时要加大火力，茶匠裸手不停急拨茶叶，手势为闷、抛结合。闷又称为"抑"，抛又称为"扬"。如《茗理诗序》中所说："抑之则实实、则热热、则柔柔、则草气渐除，然恐花香因而夭泄也，于是复扬之，扬之则虚虚、则冷冷、则刚刚、则花香不泄，然恐草气未能尽除也。于是复抑之，迭抑迭扬。"如此抑扬反复，直至芽叶绵软，宣告完成。

5. 回凉。杀青完成后的芽叶称为杀青叶，用棕帚扫入竹箕，急摊于竹匾上，一面翻抖，一面用小扇急扇，驱除热气，避免闷黄。冷却后置于阴凉处静置10—15分钟，以使杀青叶中剩余的水分重新分布。

1.采茶

2.分拣

3.摊青

4.杀青

　　6. 初拣。回凉叶在进行复炒前有一个复拣的过程，主要是判断杀青成功与否。如发现部分芽叶在锅中焦枯，则会使整锅茶叶染有焦味而报废；若有杀青不到位、出现红梗红叶的情况，这些茶叶都要剔除。

7. 复炒。复炒的目的有三：继续挥发水分，进一步提高香气，整形理条使芽叶趋于细紧。其中整形理条又有四种手势：抓、甩、抖、闷，交替进行，传有"轻、松、高、慢，紧、急、重、快"的口诀。

8. 复回凉。复炒直至茶叶半干就出锅，出锅后再摊开冷却，目的仍是让杀青叶中剩余的水分重新分布。

9. 复拣。回凉叶还要再进行一次拣剔，方法与杀青后初拣相

5.回凉

7.复炒

6.初拣

8.复回凉

9.复拣

10.初烘

同。红梗红叶、老斑叶，必须剔除。

10．初烘。烘焙一定用实炭，且以竹炭为最佳。初烘前先将炭烧透盛于炭盆中，静置至无烟。将炭盆置于竹笼中，笼上覆烘台，台上覆纱布，待台面温度升至90—110℃，将茶均匀薄摊于纱布上。茶工谨守其旁，每烘片刻须将纱布四角提起翻抖，而后置于无温竹匾上回凉片刻，再回烘，反复直至芽叶边缘全干，再摊晾15分钟后复烘。

11．复烘：复烘的操作手法与初烘相似，但烘台台面温度较低，为60—90℃；仍要求茶工谨守其旁，每隔15分钟翻抖一次、并回凉3—5分钟再烘，直至茶叶骨梗全干时结束。此时可将数笼茶并作一笼,盆中留少许余烬,足烘一夜,次日早起收藏。此时紫笋茶制作已基本完成,而上品茶叶还要加上对成品茶叶贮香、品验、包装三道工序。

12. 贮香。此时烘干的茶叶标明日期贮存在石灰缸内,称为贮香,也称做香。在贮香过程中,干茶要用无异味的纱布或纸张将茶叶包裹后再放入缸内。石灰缸内存放石灰与茶叶的比例为1∶10,即10斤干茶配放一斤石灰。

13. 品验。贮香10—15天后,将茶取出,一一品验,只有能达到预期口感要求的茶才是上品成茶。

11.复烘

12.贮香

13.品验

14.包装

14. 包装。最后经过包装，即可上市。

炒青紫笋散茶从加工工艺看，系半炒烘类型，既用锅炒，又用炭烘焙，因而外形紧结，又较完整。香气馥郁，汤色清澈，茶味鲜醇而回味甘甜。

紫笋茶制作技艺抢救恢复后，长兴县农业部门在庄晚芳等茶叶专家的指导下，以传统制作技艺为基础，对紫笋茶散茶加工程序进行了科学改良，优化了其中的摊青（分拣）、初烘（理条）等步骤，将原有的14道工序简化合并为12道。因此，现在也有部分茶农采用的是改良后的12道工序炒茶法。

（二）蒸青紫笋茶饼的制作流程与工艺

《茶经·三之造》曰："晴，采之，蒸之、捣之、拍之、焙之、穿之、封之，茶之干矣。"紫笋茶蒸青和制作茶饼的过程，基本同《茶经》中一致。加工紫笋茶要经过八道工序：采、涤、蒸、捣、拍、焙、穿、封，相当费时费工，须精工细作。袁高在《茶山诗》中曰："选纳无昼夜，捣声昏继晨。"皮日休在《茶舍》中诗曰："棚上汲红泉，焙前蒸紫蕨。乃翁研茗后，中妇拍茶歇。"陆龟蒙在和诗《茶灶》中曰："盈锅玉泉沸，满甑云芽熟。"又在《茶焙》诗中曰："左右捣凝膏，朝昏布烟缕。方圆随样拍，次第依层取。"诗中反映了加工紫笋茶时繁忙而有序的场景，一道道工序在有条不紊地进行着。

1. 精挑细选摘茶芽。采茶要求一芽带一叶，芽必肥硕，叶必初展。

　　2. 先洗后蒸保绿色。采来的青叶先用顾渚泉水洗净，再入甑蒸过，以保持茶叶的绿色。

1.采摘

2.蒸

陆羽《茶经》称："甑：或木或瓦，匪腰而泥。篮以箅之，篾以系之。始其蒸也，入乎箅；既其熟也，出乎箅。釜涸，注于甑中，又以榖木枝三桠者制之。散所蒸牙笋并叶，畏流其膏。"顾渚制茶一般以竹制甑，置于茶镬上，内置竹编蒸架。待镬中水开，冒出蒸汽时，将青叶放入甑内，利用茶镬中滚水的蒸汽热量给茶叶杀青，此种方法即所谓"蒸青"。蒸青过程中，需用木枝不停翻拌青叶，使其受热均匀，防止茶叶变黄。蒸青时不仅需要随时观察茶叶颜色，还要掌握火候以及茶镬中水量多少，适时添加柴火与镬中泉水。

3. 蒸罢捣碎如细米。蒸青完成的鲜叶，颜色透绿，叶片柔软（俗称蒸"熟"），且散发出清香。这时便可取出茶叶，用纱布包裹，将茶叶汁压榨出来，以去除茶叶涩味。再将蒸好的茶叶用石臼捣

3.捣

碎，捣至有少量短茎而叶片成泥状即可，太粗太细都不好。太粗，会影响茶饼碾碎煮茶，太细则会使茶汁过分流失。

4. 圈模成规拍成饼。将捣碎的茶叶放在模子中压成饼，是茶饼成形的重要步骤。模子以铁制成，有圆、方、花形等多种式样，直径约一寸半到两寸，也可用竹筒锯断制成天然圈模。模子厚度一般不超过一厘米，以不影响茶饼烘干为宜。制茶饼时在木台上铺一块布，布上放置模子，取捣碎的茶叶置圈模中拍压，要压紧压实，必要时用木槌轻轻敲击。茶饼压实后小心地脱模。

5. 晾至半干刀锥孔。成形的茶饼，要列放在晾匾上晾或烘至半干（《茶经》中称晾茶的器具为"芘莉"，为长方形两头有柄的竹篾编架板，今农家多用晾匾）。用竹刀在茶饼中央锥一个孔，便于穿成

4.拍

串烘干和运输。

6. 茶饼慢焙穿作串。烘干茶饼的工具，《茶经》称之为"焙"与"棚"，"焙"是地灶，"棚"是置于灶上的烘架。将茶饼置于架上，

5. 晾

6. 烘

用炭火进一步烘干茶饼（顾渚农家亦使用烘台与炭盆），再用竹篾编搓成的软绳穿成一串。经烘干一道工序，茶叶的香味便能包含在茶饼内，不易散失，因此茶饼碾开冲泡时，茶香也比散茶浓郁。

7. 挑选封包细贮存。茶饼烘干后，要立即整理，剔除品质不佳的产品。将外观平整的茶饼按一斤或半斤重量穿成一串，进行封包。按《茶经》所载，一斤一串为上穿，半斤一串为中穿，四至五两一串为小穿。封包的紫笋茶饼须小心贮存，梅雨季节还要适当烘焙以去潮气。千年以前的唐代紫笋贡茶，就是这样被视作珍品，在皇家

7. 包装

贵族和文人雅士之间馈赠和收藏着。

[叁]制作工具

（一）种植及管理工具

1. 柴刀：又名弯毛镰。用于割除茶树周围杂草，也用于上山开道。

2. 板锄：用于给茶树锄草。

3. 剪刀：用于给茶树修剪枝叶。

柴刀（弯毛镰）

板锄

剪刀之一

剪刀之二

（二）采摘工具

1. 竹背篓：采茶时用于存放及运输采摘下的青叶。

2. 拴腰裙：存放采摘下的青叶（现基本不用）。

3. 茶水筒：取毛竹两端有节的一段，一端钻孔，为天然茶

竹背篓

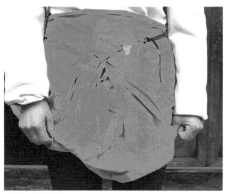

拴腰裙的系法

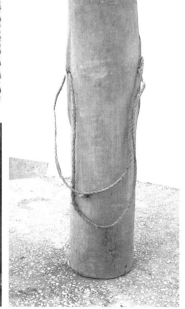

竹制茶水筒

水筒。

4. 凉帽：采茶时戴上遮阳。

（三）制作工具

1. 茶叶炒制工具：

（1）灶台：一般为茶农自建土灶，以烧柴为主。

（2）茶镬：一般为铁镬，要求不能有油腻。

（3）晾匾：又名簸篮。比一般竹匾边稍高，底圆形。用于青叶分拣、摊青、杀青叶的回凉。

（4）晾匾架：用于放置晾匾，大小有三层、四层、五层等。

（5）烘圈：以竹篾编制，高约50厘米，圈形，无底无盖。内置炭钵，上置烘台。

（6）烘台：以竹篾编制，形似尖顶草帽。台上覆纱布，用于茶叶

灶台与茶镬

晾匾（簸篮）

烘圈与烘台

炭钵

的初烘与复烘。

（7）炭钵：烧炭用。

（8）竹簸箕：竹簸箕根据大小不同，分别用于摊青、炒青、烘焙时取放茶叶。

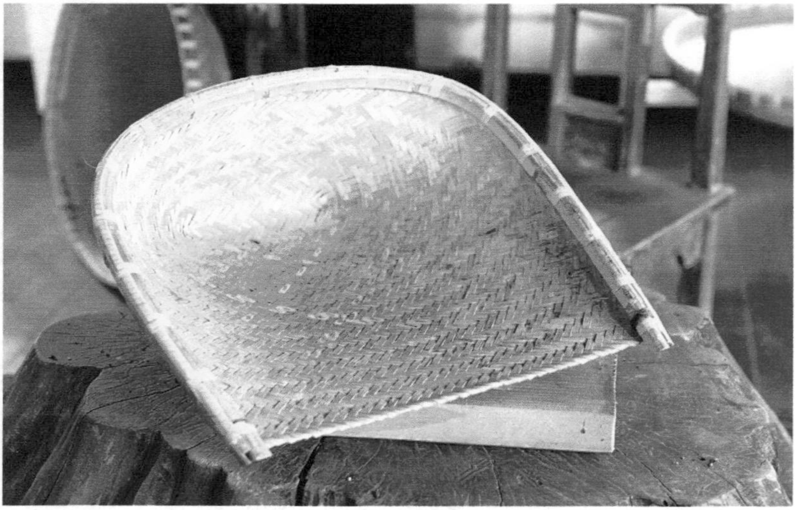
竹簸箕（大）

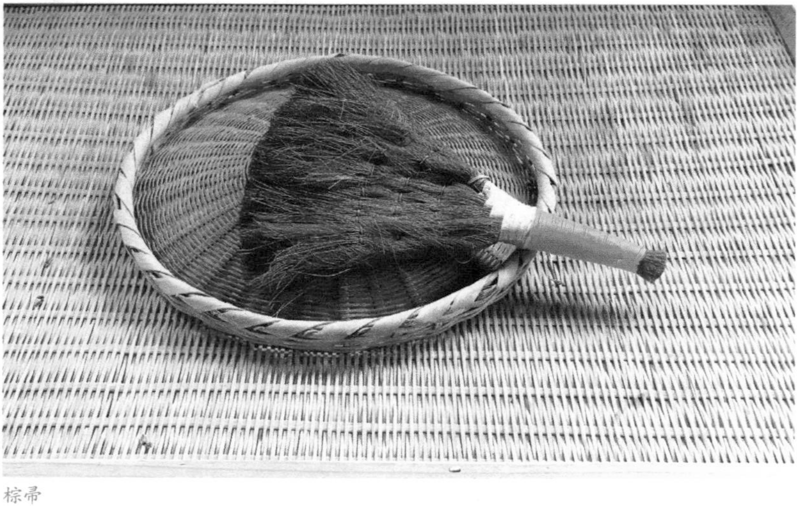
棕帚

（9）棕帚：与簸箕配合使用，用于取放茶叶。

2. 茶饼制作工具：

（1）灶台：同上。

（2）茶镬：以竹镬为最佳，现多用铁镬，要求清洁无油腻、异味。

（3）甑：以竹、木箍成，圆形，无底有盖。置于茶镬上，内置竹编蒸架，用于茶叶蒸青。

（4）木枝：茶叶蒸青时用于翻动茶叶。

灶台

灶台与茶镬

（5）石臼、杵：用于捣碎茶叶。

（6）模具：圆形或方形，直径或宽两寸许，为制作茶饼的模子。

甑和蒸架

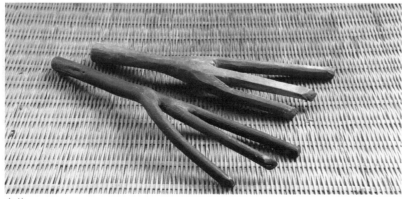

木枝

（7）木槌：与模具配合使用，将碎茶叶压成茶饼。

（8）晾匾及晾匾架：同上。

（9）竹销子（竹刀）：用于为制成的茶饼穿孔。

木槌

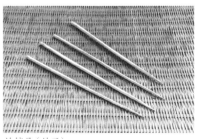
竹销子（竹刀）

石臼、杵

模具

晾匾架

石灰瓮

（四）贮藏工具

1. 石灰瓮：陶制、铁皮制均可，须密封性好。

2. 生石灰：为贮藏茶叶的干燥剂。

3. 纱布袋：将茶叶分包贮藏。

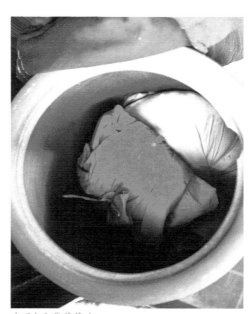

生石灰和袋装茶叶

三、紫笋茶文化

紫笋茶文化是中华茶文化历史宝库中的一颗璀璨明珠。从陆羽考察命名顾渚山紫笋茶，并研制推荐给皇帝，被朝廷定为贡茶开始，为中华茶文化留下了彪炳史册的不朽诗文、千古绝唱、悲欢故事、离奇传说、名人轶事、名胜古迹，也体现了中国自古以来圣贤名流对茶文化的执着追求。

三、紫笋茶文化

[壹]顾渚山的名胜古迹

贡茶院

大唐贡茶院位于顾渚山侧的虎头岩。始建于唐大历五年（770年）。它是督造唐代贡茶顾渚紫笋茶的场所，也可以说是有史可稽的中国历史上首座皇家茶叶加工场。紫笋茶是唐代贡茶。唐大历五年，始贡500串；至会昌（841—846年），岁贡增至18400串。制作贡茶时，由"刺史主之，观察使总之"。据宋嘉泰《吴兴志》引《统记》载："长兴有贡茶院，在虎头岩后，曰顾渚。右斫射而左悬臼，或耕为

大唐贡茶院

园，或伐为炭，唯官山独深秀。归于顾渚源建草舍三十余间，自大历五年至贞元十六年于此造茶，急程递进，取清明到京。"

大中八年（854年），湖州刺史郑颙奉敕重修贡茶院。

到了元代，贡茶院改为磨茶院，院址移至水口。明洪武六年（1373年），长兴知县萧洵招吉祥寺僧重修贡茶院，将《顾渚采茶记》题于寺壁。世事沧桑，院寺几经盛衰，直至20世纪30年代，吉祥寺匾额犹存，后遭火焚毁，仅留遗址三进。如今，顾渚贡茶院虽废圮，但院址遗迹依然可辨。现其旁立碑，以告后人献力。

2006年，为纪念先贤，弘扬茶学，振兴茶业，惠及百姓，由长兴县出资，众乡民合力，对千年皇家贡茶院——顾渚山大唐贡茶院旧址进行保护性建设，并于2008年作为第十届中国茶文化节的主会场。贡茶院包括制茶作坊、茶宴厅、陆羽阁、吉祥寺大殿、展廊等建

贡茶院全景（长洽办供图）

筑。贡茶院遗址现为全国重点文物保护单位。

吉祥寺

明萧洵《顾渚采茶记》曰："始自唐贞元十六年，刺史李词乞以贡焙立寺，山下吉祥故有寺也。"乾隆《长兴县志》载："贞元中，刺史李词以贡焙奏乞立寺，诏以武康寺移建于此，名吉祥寺。"

吉祥寺位于顾渚山下。从尚存遗址看，自下而上具有三进大殿，北靠顾渚山，两侧为坡岭，势如交椅。第三进大殿可眺望太湖。据当地百姓传说，该寺几经修建，寺内有皇帝建寺御旨，最盛时有上千僧人。清代时逐渐损坏，最后一进大殿和五间厢房，直到抗日战争期间和"抗战"后，两次被纵火烧毁。现掩于毛竹林中的寺址残迹仍清晰可见。

古吉祥寺旧址

重建的吉祥寺（在今水口顾渚村大唐贡茶院内）

忘归亭

嘉靖《长兴县志》载："忘归亭在顾渚山，有司采茶寓此。"忘归亭始建于唐贞元年间，后毁。长兴县人民政府于1984年4月重建忘归亭于顾渚山麓，并立有《重建忘归亭记》碑和庄晚芳先生题诗碑。

《重建忘归亭记》碑为大理石，高90厘米，长130厘米，位于忘归亭西北侧。碑文如下：

山实东南秀，茶称瑞草魁。紫笋茶、金沙泉名播遐迩，源远流长。唐代《茶经》作者陆羽，漫游东南，结庐顾渚，观茶色紫而形似笋，因名"紫笋茶"。明月峡畔，碧泉涌沙，灿如金星，名曰"金沙泉"。唐代宗广德年间，列为贡茶、贡泉。乃建贡茶院，筑忘归、境会诸亭。时际清明，新茶吐绿，湖、常两州刺史，入境拜泉，督造佳茗。顾渚山上，立旗张幕，水口草市，画舫遍布。役工万人，胼手胝足；龙袱裹茶，银瓶盛水，以应皇命。诗人骚客，临泉品茗，倚亭歌啸，乐而忘归。几经烽烟，世事沧桑，而茶芜亭圮矣！

流光千匝，盛世幸逢，绝代名茶，重放异彩。慕名而造访者，不绝于途。览景而品茗者，交口称誉。因茶而疏泉，临池而竖亭，众望之所归也。甲子仲春，莺飞草长。人民政府出资，乡村民众出力，重拓金沙泉，再建忘归亭。冀紫笋香飘中外，幸金沙泉涌不竭。立碑为念。

浙江省长兴县人民政府立

公元一九八四年四月

庄晚芳先生题诗碑立于忘归亭东北侧。碑文为：

顾渚山谷紫笋茗，芳香唐代已扬称；清茶一碗传心意，联句吟诗乐趣亭。

陆羽著有《顾渚山记》一书，内容已失传，据查他与僧皎然、朱放等论茶，以顾渚为第一，忘归亭应是彼等郊游品茶吟诗之处，姑且志之。

庄晚芳甲子仲春于杭州

境会亭

境会亭位于水口金山村西北十六里的啄木岭，也称"廿三湾"，为浙江长兴与江苏宜兴的交界处。宋嘉泰《吴兴志》载："《旧编》云：'境会亭在啄木岭，唐刺史于頔建。取白居易寄贾常州崔湖州

1984年在顾渚山重建的忘归亭

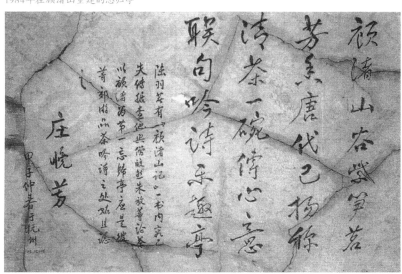

当代著名茶叶专家庄晚芳教授在顾渚山题写的碑刻

通向境会亭的古山径驿道

诗，题其上。'"明末顾炎武《日知录》载："长兴啄木岭，县西北四十里，在金山后，每岁吴兴、毗陵二郡太守采茶，宴会于此，有境会亭。"清代《长兴县志》有载："啄木岭与悬脚岭接，在县北五十里达宜兴。山名云其丛薄之下，多啄木鸟，故名。"

唐宝历年间（825—827年），常州贾刺史和湖州崔刺史共同邀请时任苏州刺史的白居易赴境会亭茶宴，然白居易因病未能参加，于是写下《夜闻贾常州崔湖州茶山境会亭欢宴》一诗。境会亭在当时是显官与文人相聚，笙歌曼舞、品茶吟诗的茶山盛宴之处。

然而，有史料记载，在啄木岭以北，与江苏宜兴交界的悬脚岭也曾设境会亭。清代《敕修浙江通志》记载："境会亭，嘉靖《长兴县志》：一名方岩，在悬脚岭。唐时，吴兴、毗陵二郡守分山造茶，宴会于此。"但世事沉浮，历经沧桑，顾渚紫笋茶在唐代连续80余年的进贡中，境会亭是否因紫笋茶扩贡而后曾迁址，悬脚岭是否也曾设过常、湖两州督贡茶的境会亭，确需进一步考证。

清风楼

乾隆《浙江通志》记载："长兴顾渚明月峡，茶生其间，唐有贡焙院，院侧有清风楼。"当时，每到清风楼位于顾渚山腰，吉祥寺右侧，坐北朝南。据当地老人讲，清风楼是当初每年采制贡茶时供前来顾渚督贡官员留宿之所。前面为戏楼，两侧各有五间厢房，后面是大殿。中间院落四角，原有四棵两人合抱粗的大树，1959年被砍伐。

当时，每到清明前，戏楼上要演三日戏，并进行"喊茶""祭泉"活动；谷雨后，又要在此戏楼演三日戏，以庆祝采制贡茶结束。现清风楼旧址有几间小屋，是清风楼毁坏后当地百姓修建的土地庙。

清风楼遗址（小屋为当地的土地庙）

颜板桥

据长兴县旧志载，颜板桥曾名许公桥，位于顾渚锦牛山脚。唐代颜真卿任湖州刺史时，每年春天采茶之季要到顾渚督制贡茶。他每次进顾渚途经此桥时总要下轿，与客步月赋诗，宴饮是桥，一览此桥四周山水风景。为此，当地百姓称这桥为"颜板桥"。"颜板"二字与长兴方言"呆板"谐音，有颜真卿过此桥一定要下轿而显得刻板之意。该桥原为乱石拱桥，造型优美，别具一格，可是久历风霜，原桥已坍。现在所见的颜板桥是重建的。

清晖轩

乾隆《长兴县志》载："清晖轩于磨茶院西，为监官之所舍。洪武六年（1373年）春，工部主事萧洵，受命来到顾渚，发现寺悉倾

颜板桥（原址重建）

圮……山麓之茶皆嵌新拔草莽间，大惧，将何以修厥贡？"于是始谋诸众，伐木葺土，重修吉祥寺，同时建造了清晖轩，给前往监制贡茶的官员居住。后被毁。

甫里茶园

光绪《浙江通志》载："甫里先生嗜茶，置园于顾渚山下。"唐代温庭筠早在860年所撰的《采茶录》中就有这类记载："甫里先生陆龟蒙，嗜茶也。置小园于顾渚山下。岁赍入茶租，薄为瓯蚁之费，自为品第书一篇，继茶经茶诀之后。"

摩崖石刻

顾渚山至今保存完好的三组九方唐宋摩崖石刻，多数是湖州刺史在此修贡时留下的题名石刻。其中悬臼岕的两处，为南宋湖州知

斫射岕老鸦窝摩崖石刻

府汪藻等名人来访古时留下的题名石刻。另老鸦窝处张文规、裴汶等题名石刻尚可辨。

唐宋摩崖石刻的存在，证明了顾渚山在唐代中期茶产业、茶文化兴盛和紫笋茶地位之高的一个重要证据，也是唐代茶文化积淀深厚的实物标志。据乾隆《长兴县志》载："唐贡茶刺史题名二十八人，石刻在贡茶院修贡堂上。"碑早已毁。目前所发现在顾渚的摩崖石刻，有西顾山、悬臼岕、老鸦窝三处，题名、咏刻于石壁的有唐代的颜真卿、袁高、于頔、张文规、杨汉公、裴汶、杜牧，宋代的汪藻、韩允寅、刘涛（已佚）等。除颜真卿书写、立于明月峡的"蚕头鼠尾石碑"被毁（宋嘉泰《吴兴志》、同治《湖州府志》、《下山志》、游士任《登顾渚山记》均有记载），刘涛的题名石刻（同治《湖州府志》有记载）尚未发现外，其余的均清晰可见。

1. 西顾山（即今白洋山，或称银山）摩崖石刻：位于水口乡金山外冈自然村、葛岭坞岕口，在金沙溪西侧小山的阳面，海拔20多米。石刻断面约9平方米，题名刺史为袁高、于頔、杜牧，呈三角形；袁高题字在上方，字最大，十分醒目。于、杜题在下方，杜牧字形为最小。

袁高的题字："大唐州刺史臣袁高，奉诏修茶贡讫，至囗（为看不清的字，以下同）山最高堂，赋茶山诗。兴元甲子岁三春十日。"字为八分隶书，十一行，行三字，字径达两寸许。其中"茶"字，为古体"荼"。那一年，袁高在湖州已任3年刺史，目睹"急程茶"为扰民之

白洋山（银山）袁高题名的摩崖石刻

举，便写了一首《茶山诗》并3600串紫笋茶，一并呈送德宗皇帝，以揭露贡茶中的弊端。

于頔的题字："使持节湖州诸军事刺史臣于頔，遵奉诏命诣顾渚茶院，修贡毕，登西顾山最高堂，汲岩泉□□茶□□，观前刺史袁公留题，□刻茶山诗于石。大唐贞元八年，岁在壬申春三月□□。"为正书，十五行，行五字，字小于袁高的。于頔于贞元八年（792年），自苏州刺史、驾部郎中，出为湖州刺史。

杜牧的题字："□□□□□□大中五年刺史樊川杜牧，奉贡讫事，□□春□休来……"为正书，字略小于于頔的。杜牧于大中四年（850年）十一月，自吏部员外郎，乞为湖州刺史，翌年春三月携全家

白洋山袁高、于頔、杜牧三人的题名石刻

到顾渚山修贡。作《茶山诗》等多首，并在袁高题字的右下方刻石题名。

　　这一组题名石刻的落款时间，袁高与杜牧前后相隔77年，若从大历五年（770年）紫笋茶初贡算起，前后则相隔81年。这是紫笋茶在唐代连续作贡八十多年的史据。

　　2. 斫射芥底五公潭摩崖石刻：斫射山位于今顾渚村罗家自然村西五公潭上。山上有斫射神庙遗址。距顾渚村3公里。五公潭上方为石刻断面，湖州刺史张文规的题字在右，裴汶题名在左侧，刻五公潭诗的石刻在右上方。

　　张文规的石刻："河东张文规，癸亥年三月四日。"行书两行，字径两寸, 笔画雄健。唐会昌元年(841年)七月十五日, 张文规从安州刺史授迁国子司业、湖州刺史。癸亥年为会昌三年(843年), 三月四日, 张文规离任前至此刻石题名。是年, 也是紫笋茶贡额最高的一年。

张文规题五公泉诗, 位于张文规题名上方85厘米一块凸起的石壁上。全文:"题五公泉, 湖州刺史张文规　一雉叫烟草千崖皆茗聚仙界云鹤远余至岩石空□□水声裹寄复山□中□余迫蔚□落□今□□然出山去□□佳□□春十一日。"

裴汶的石刻:"湖州刺史裴汶、河东薛迅、河东裴宝方。元和八年二月廿三日同游。"字形比张文规的小, 但仍可辨析。裴汶于元和

张文规题名

张文规题五公泉诗

六年（811年）自澧州调任湖州，至元和八年十一月迁常州。此石刻题于他离任前的二月二十三日，正是他在顾渚修贡期间，与两位河东老乡同游。裴汶是位茶叶专家，与卢仝齐名。他的专著《茶述》主要讲的是顾渚紫笋茶。他在论茶时称："今宇内土贡实众，而顾渚、蕲阳、蒙山为上，其次则寿阳、义兴……"紫笋茶被列为全国之首。惜《茶述》今仅存引言。

五公潭一组摩崖石刻，在四坞岕、矼射山、老鸦坞古茶山的中心地带，是唐贡紫笋茶的主产区之一。且张文规所立的矼射神庙、矼射亭遗址，就在五公潭的上方。

3. 悬臼岕霸王潭摩崖石刻：位于悬臼岕的中段，两侧大山壁立，溪涧中流，霸王潭在其下，巨人膝迹在其上，有乡村公路直通其间。石壁上刻有唐代杨汉公，宋代汪藻、韩允寅等三处题名石刻。

杨汉公的石刻："湖州刺史杨汉公，前试太子通事舍人崔待章，军事衙推马祝州，衙推康从礼，乡贡进士郑□，乡贡进士贾□。开成四年二月十五日。同游进士杨知本、进士杨知范、进士杨知俭从行。"为正书，字体较小，尚能辨析。杨汉公于开成三年（838年）三月二十日，从舒州移刺湖州，第二年二月三十日带了崔待章诸贤到顾渚山修贡。杨汉公很关心茶农，从实地看到"急程茶"为扰民之害，遂上书皇帝，表奏"乞将贞元年岁限清明到京之'急程茶'，延缓三五日"，得到皇帝的恩准，使顾渚山区的茶农缓了一口气。

汪藻的石刻："龙图阁直学士前知湖州□□汪藻，新知无为军括苍鲍迁祖，知长兴县安肃、张琮，前歙县丞汝阳孟处义，前监南岳吴兴刘唐稽。绍兴戊午中春来游。右承务郎汪悟、汪恪从行……"石刻在巨人膝迹南不到百米处，为七行八分隶书，字径两寸许。绍兴六年（1136年）汪藻奉诏修史，绍兴八年（戊午年）仲春，与属僚鲍延祖、孟处义及子悟、恪到顾渚山访古。

韩允寅等题名石刻："会稽韩允寅，武林钱孜，桐江方释之携男迅绾。以绍兴壬午三月辛酉来。"此石刻在霸王潭南石壁，为六行，字径两寸余。韩允寅为绍兴知府，方释之为长兴县令。壬午年为绍兴三十二年（1162年）。汪

汪藻题名石刻远景

韩允寅等题名石刻

藻、韩允寅二处石刻，说明到了南宋，人们仍然在怀念紫笋茶原产地的辉煌历史。此行属于慕名访古。

[贰]茶诗、茶歌、茶俗、茶传说

（一）顾渚茶山古诗篇

长兴顾渚山三面青山环抱，面朝浩瀚的太湖，可称为江南的秀美之地。尽管如此，在一千二百年前，那里毕竟还是块人烟稀少，偏僻静寂的山乡野地。然而，也是天地的造化，顾渚山让茶圣陆羽点化成了一处产茶神地，那里的山山水水被抹上了一层东来紫气。因为大唐皇帝的敕封，顾渚山成了贡焙茶叶的圣地。于是，权贵显达、风雅儒

新春拜年三道茶之咸茶

新春拜年三道茶之清茶

士、修禅高僧纷纷慕名而来，品尝染有山雾灵气的紫笋，欣赏如画的山水，从顾渚山水和紫笋茶中萌生出一首首垂芳史册的诗篇，使顾渚山成了中国茶文化发展史上的一座丰碑。笔者从众多涉及顾渚茶文化的诗篇中，整理挑选出与本书内容相关的部分诗文，以飨世人。

顾渚行寄裴方舟

皎然

我有云泉邻渚山，山中茶事颇相关。

鹖鸩鸣时芳草死，山家渐欲收茶子。

伯劳飞日芳草滋，山僧又是采茶时。

由来惯采无近远，阴岭长兮阳崖浅。

大寒山下叶未生，小寒山中叶初卷。

吴婉携笼上翠微，蒙蒙香刺罥春衣。

迷山乍被落花乱，度水时惊啼鸟飞。

家园不远乘露摘，归时露彩犹滴沥。

初看怕出欺玉英，更取煎来胜金液。

昨夜西峰雨色过，朝寻新茗复如何。

女宫露涩青芽老，尧市人稀紫笋多。

紫笋青芽谁得识，日暮采之长太息。

清泠真人待子元，贮此芳香思何极。

夜闻贾常州崔湖州茶山境会亭
欢宴因寄此诗

白居易

遥闻境会茶山夜，珠翠歌钟俱绕身。

盘下中分两州界，灯前合作一家春。

青娥递舞应争妙，紫笋齐尝各斗新。

自叹花时北窗下，蒲黄酒对病眠人。

茶山诗

袁高

禹贡通远俗，所图在安人。后王失其本，职吏不敢陈。

亦有奸佞者，因兹欲求伸。动生千金费，日使万姓贫。

我来顾渚源，得与茶事亲。氓辍耕农未，采采实苦辛。

一夫旦当役，尽室皆同臻。扪葛上敧壁，蓬头入荒榛。

终朝不盈掬，手足皆鳞皴。悲嗟遍空山，草木为不春。

阴岭芽未吐，使者牒已频。心争造化功，走挺麋鹿均。

选纳无昼夜，捣声昏继晨。众工何枯栌，俯视弥伤神。

皇帝尚巡狩，东郊路多堙。周回绕天涯，所献愈艰勤。

况减兵革困，重兹固疲民。未知供御馀，谁合分此珍。

顾省忝邦守，又渐复因循。茫茫沧海间，丹愤何由申。

茶诗（四首）

杜牧

题茶山

山实东吴秀，茶称瑞草魁。剖符虽俗吏，修贡亦仙才。

溪尽停蛮棹，旗张卓翠苔。柳村穿窈窕，松涧度喧豗。

等级云峰峻，宽采洞府开。拂天闻笑语，特地见楼台。

泉嫩黄金涌，芽香紫壁裁。拜章期沃日，轻骑疾奔雷。

舞袖岚侵涧，歌声谷答回。磐音藏叶鸟，雪艳照潭梅。

好是全家到，兼为奉诏来。树荫香作帐，花径落成堆。

景物残三月，登临怆一杯。重游难自克，俯首入尘埃。

茶山下作

春风最窈窕，日晓柳村西。

娇云光占岫，健水鸣分溪。

燎岩野花远，戛瑟幽鸟啼。

把酒坐芳草，亦有佳人携。

入茶山下题水口草市绝句

倚溪侵岭多高树，夸酒书旗有小楼。

惊起鸳鸯岂无恨，一双飞去却回头。

春日茶山病不饮酒，因呈宾客

笙歌登画船，十日清明前。

山秀白云腻，溪光红粉鲜。

欲开未开花，半阴半晴天。

谁知病太守，犹得作茶仙。

竹山堂连句

竹山连句，题潘书。光禄大夫、行湖州刺史、鲁郡公颜真卿叙并书。

竹山招隐处，潘子读书堂。（真卿）

万卷皆成帙，千竿不作行。（处士陆羽）

练容餐沆瀣，濯足咏沧浪。（前殿中侍御史广汉李萼）

守道心自乐，下帷名益彰。（前梁县尉河东裴修）

风来似秋兴，花发胜河阳。（推官会稽康造）

支策晓云近，援琴春日长。（评事范阳汤清河）

水田聊学稼，野圃试条桑。（释皎然）

巾折定因雨，履穿宁为霜。（河南陆士修）

解衣垂蕙带，拂席坐藜床。（河南房夔）

檐宇驯轻翼，簪裾染众芳。（颜粲）

草生还近砌，藤长稍依墙。（颜颙）

鱼乐怜清浅，禽闲喜颉行。（颜须）

空园种桃李，远墅下牛羊。（京兆韦介）

读易三时罢，围棋百事忘。（洛阳丞赵郡李观）

境幽神自王，道在器犹藏。（詹事司旦河南房益）

昼啜山僧茗，宵传野客觞。（河东柳淡）

遥峰对枕席，丽藻映缣缃。（永穆丞颜岘）

偶得幽栖地，无心学郑乡。（述上）

会大历九年春三月

吴兴三绝[1]

张文规

苹洲须觉池沼俗，苎布直胜罗纨轻。

清风楼下草初出，明月峡中茶始生。

吴兴三绝不可舍，劝子强为吴会行。

茶中杂咏（十首）

皮日休

茶　坞

闲寻尧氏山，遂入深深坞。种莳已成园，栽葭宁记亩。

---

[1] 吴兴三绝是指下箬酒、顾渚茶、霅溪鱼。

石洼泉似掬，岩罅云如缕。好是夏初时，白花满烟雨。

茶　人

生于顾渚山，老在漫石坞。语气为茶荈，衣香是烟雾。
庭从槲子遮，果任獳师虏。日晚相笑归，腰间佩轻篓。

茶　笋

褒然三五寸，生必依岩洞。寒恐结红铅，暖疑销紫汞。
圆如玉轴光，脆似琼英冻。每为遇之疏，南山挂幽梦。

茶　籝

篚筹晓携去，蓦个山桑坞。开时送紫著，负处沾清露。
歇把傍云泉，归将挂烟树。满此是生涯，黄金何足数。

茶　舍

阳崖枕白屋，几口嬉嬉活。棚上汲红泉，焙前蒸紫蕨。
乃翁研茗后，中妇拍茶歇。相向掩柴扉，清香满山月。

茶　灶

南山茶事动，灶起岩根傍。水煮石发气，薪然杉脂香。
青琼蒸后凝，绿髓炊来光。如何重辛苦，一一输膏粱。

茶　焙

凿彼碧岩下，恰应深二尺。泥易带云根，烧难碍石脉。

初能燥金饼，渐见干琼液。九里共杉林，相望在山侧。

茶　鼎

龙舒有良匠，铸此佳样成。立作菌蠢势，煎为潺湲声。

草堂暮云阴，松窗残雪明。此时勺复茗，野语知逾清。

茶　瓯

邢客与越人，皆能造兹器。圆似月魂堕，轻如云魄起。

枣花势旋眼，苹沫香沾齿。松下时一看，支公亦如此。

煮　茶

香泉一合乳，煎作连珠沸。时看蟹目溅，乍见鱼鳞起。

声疑松带雨，饽恐生烟翠。尚把沥中山，必无千日醉。

奉和袭美茶具十咏

陆龟蒙

茶　坞

茗地曲隈回，野行多缭绕。向阳就中密，背涧差还少。

遥盘云髻慢，乱簇香篝小。何处好幽期，满岩春露晓。

茶　人

天赋识灵草，自然钟野姿。闲来北山下，似与东风期。

雨后探芳去，云间幽路危。唯应报春鸟，得共斯人知。

茶　笋

所孕和气深，时抽玉苕短。轻烟渐结华，嫩蕊初成管。

寻来青霭曙，欲去红云暖。秀色自难逢，倾筐不曾满。

茶　籝

金刀劈翠筠，织似波文斜。制作自野老，携持伴山娃。

昨日斗烟粒，今朝贮绿华。争歌调笑曲，日暮方还家。

茶　舍

旋取山上材，驾为山下屋。门因水势斜，壁任岩隈曲。

朝随鸟俱散，暮与云同宿。不惮采掇劳，只忧官未足。

茶　灶

无突抱轻岚，有烟映初旭。盈锅玉泉沸，满甑云芽熟。

奇香袭春桂，嫩色凌秋菊。炀者若吾徒，年年看不足。

茶 焙

左右捣凝膏，朝昏布烟缕。方圆随样拍，次第依层取。

山谣纵高下，火候还文武。见说焙前人，时时炙花脯。

茶 鼎

新泉气味良，古铁形状丑。那堪风雪夜，更值烟霞友。

曾过赪石下，又住清溪口。且共荐皋卢，何劳倾斗酒。

茶 瓯

昔人谢堀埏，徒为妍词饰。岂如珪璧姿，又有烟岚色。

光参筠席上，韵雅金罍侧。直使于阗君，从来未尝识。

煮 茶

闲来松间坐，看煮松上雪。时于浪花里，并下蓝英末。

倾馀精爽健，忽似氛埃灭。不合别观书，但宜窥玉札。

茶山贡焙歌

李郢

使君爱客情无已，客在金台价无比。

春风三月贡茶时，尽逐红旌到山里。

焙中清晓朱门开，筐箱渐见新芽来。

凌烟触露不停采，官家赤印连帖催。

朝饥暮匍谁兴哀？喧阗竞纳不盈掬。

一时一晌还成堆，蒸之馥之香胜梅。

研膏架动轰如雷，茶成拜表贡天子。

万人争啖春山摧，驿骑鞭声砉流电。

半夜驱夫谁复见，十日王程路四千。

到时须及清明宴，吾君可谓纳谏君。

谏官不谏何由闻，九重城里虽玉食。

天涯吏役长纷纷，使君忧民惨容色。

就焙尝茶坐诸客，几回到口重咨嗟。

嫩绿鲜芳出何力，山中有酒亦有歌。

乐营房户皆仙家，仙家十队酒百斛。

金丝宴馔随经过，使君是日忧思多。

客亦无言征绮罗，殷勤绕焙复长叹。

官府例成期如何！

吴民吴民莫憔悴，使君作相期苏尔。

将之湖州戏赠莘老

苏轼

余杭自是山水窟，仄闻吴兴更清绝。

湖中橘林新著霜，溪上茗花正浮雪。

顾渚茶芽白于齿，梅溪木瓜红胜颊。

吴儿鲙缕薄欲飞，未去先说馋涎垂。

亦知谢公到郡久，应怪杜牧寻春迟。

鬓丝只好封禅榻，湖亭不用张水嬉。

金沙泉

沈贞

鳞鳞金屑精，泛彼崖下泌。远涵珠光润，净闭蟾窟溢。

流芳衍余派，漱甘澈声密。上栖凤凰林，下隐龙蛇室。

岂惟穴向丙，更激支折乙。顾分泽疲民，坐致康衢日。

附烹茶图集

臧懋循

桐阴竹色令闲人，长日烟霞傲角巾。

煮茗汲泉松子落，不知门外有风尘。

坐来石榻水云清，何事空山有独醒。

满地落花人迹少，闭门终日注茶经。

顾渚金沙泉碑

古金沙涧下游遗址

原金沙泉边桥栏石柱

顾渚春游图并序

钱大昕

群峰踊跃似波腾，阳羡东来翠几层。

占取白云最深处，从来清福付痴僧。

焙得新芽谷雨前，色香味美妙能全。

盛朝久却头纲贡，一任山翁活水煎。

竹山连句久难稽，小杜来游迹已迷。

只有开成杨刺史，宾组群众姓名题。

浮溪当日一麾雄，解组曾来作寓公。

分隶大书波磔劲，阿谁剔藓到山中。

一月蚕忙判牍稀，寻山留客暮忘归。

城头弧射知相似，好与亲云作伴飞。

紫笋茶

庄晚芳

史载贡茶唐最先，顾渚紫笋冠芳妍。

境亭胜会留人念，绿蕊纤纤今胜前。

（二）长兴茶区民间歌谣

采茶歌

正月采茶是新年，姐姐在家买茶园，

一买茶园十二亩，当面写约两交钱。

二月采茶茶发芽，劝郎出外别贪花，

三月采茶茶发青，茶树脚下绣手巾。

四月采茶茶叶长，奴在家里两头忙，

屋里又忙蚕又老，外面又忙麦子黄。

悬臼岕

夜里落雨早头晴，苦煞悬白下洞人。

早头落雨夜里晴，快活煞悬白下洞人[1]。

嘱咐妻子你在家

郎在高山采香茶，嘱咐贤妻你在家，无事莫在当门坐，少梳油头少戴花，留个笑脸郎回家。

心看小郎奴哥哥，远来出门这啰唆，不怕乌云高万丈，哪怕狼烟起多高，真金不怕火来烧。

心爱贤妻女多娇，大话不要说早了，蛇见雄黄软了刺，女见男来

---

[1]《采茶歌》、《悬臼岕》原载《水口乡民间文学卷》，由郑云芳搜集整理。

软了腰,嘴说不肯心软了。

心爱哥哥奴的人,我说采茶去不成,奴家已经怀了孕,是儿是女不知情,跳进黄河洗不清。

心爱贤妻我的人,为夫言语成分明,生得男儿叫茶宝,生得女儿叫茶英,这是采茶后代根。

小小茶树矮墩墩,手扳茶树恨一声,一恨山高路太远,夜里做茶到五更,无有银钱回家门。

茶树小姐笑嘻嘻,叫声小哥听端的,如今要想回家去,要无盘缠奴帮你,立即回家看娇妻。

唱了一番又一番,粉白墙上画牡丹,鲜花画在粉墙上,绣花小姐把花观,看花容易绣花难。

芽茶盅赞

泡茶之人年千岁,端茶之人有寿长。

白叶茶花黄灿灿,茶歌泡开地狱门。

茶盅上面长金花,茶盅下面结莲花。

要保老者增福寿,要保小者自聪明。

年年蚕花廿四分,茧如银山丝如云。

要保田禾多青青,合家五谷尽丰登。

罗岕茶歌

古庙茶神柳宿家，庙前茶水庙后茶。

春来茗岭棋峰上，茶女村姑摘茶芽。

岭前茶女岭后樵，一边采茶一边唱。

岭前唱起岭后和，唱得罗岕满山香。

采去一峰又一峰，采来一篮又一篮。

白云迷了来时路，唤得樵哥引阿奴。

峰峦壁立环三面，石涧流水胜管弦。

棋峰落雨洞山晴，怎叫岕茶品不仙？[1]

茶谜

1. 草木有本心。（茶）

2. 言对青山青又青，两人土上说原因，三人骑牛牛无角，草木之中有一人。（请坐奉茶）

3. 生在山里，死在锅里，埋在罐里，活在杯里。（茶）

4. 生在山中，一色相同，泡在水里，有绿有红。（茶）

5. 深山坞里一蓬青，五抓金龙摘我心；带到潼关来逼死，投入汤泉又还魂。（茶）

---

[1] 《嘱咐妻子你在家》、《芽茶盅赞》、《罗岕茶歌》摘自《长兴非物质文化遗产调查卷》。

茶叶的农谚

惊蛰过，茶脱壳。

若要茶，伏里耙。

头茶荒，二茶光。

嫩茶轻，老茶重。

顾渚茶叶金沙水。

细雨足时茶户喜。

高山雾多出名茶。

立夏三日茶生骨。

夏茶养丛，秋茶打顶。

头茶勿采，二茶勿发。

茶过立夏，一夜粗一夜。

采高勿采低，采密不采稀。

金沙泉中水，顾渚山上茶。

平地有好花，高山有好茶。

若要茶树好，铺草不可少。

清明时节近，采茶忙又勤。

宁可少施一次肥，不能多养一次茶。

立夏茶，夜夜老，小满过后茶变草。

头茶苦，二茶涩，三茶好吃摘勿得。

茶叶好比时辰草，日日采来夜夜炒。

茶叶本是时辰草，早三日是宝，迟三日是草。

正月栽茶用手捺，二月栽茶用脚踏，三月栽茶用锄夯也夯不活。

生活与茶的谚语

客到茶烟起。

浅杯茶，满杯酒。

头交水，二交茶。

时新茶叶陈年酒。

饭后一杯茶，老来不眼花。

宁可一日不食，不可一日无茶。

开门七件事，柴米油盐酱醋茶。

（三）长兴茶道风俗

芥里人喝茶有讲究

自古以来，长兴顾渚山周围的山芥里人喝茶蛮有讲究，在待客、论事、谈心、说笑等场合，茶是必不可少的。尤其是为人断定是非，说长论短，更显出当地人喝茶的风俗。一是人与人之间发生纠纷，请主持公道的人来到茶馆里相帮论理，叫作"喝杠茶"。茶钱由无理方出。二是婆媳关系不和，经常发生争执，实难理论长短。当地人把家务事难判叫作"斫高难为树，斫低难为桩"。这时，就得请长辈、朋友找双方谈谈心，把这碗水端平。喝茶能醒目提神，和事佬为争执双方劝诫谈心，谈到深夜时分，因为有茶水陪侍，仍能保持思路清晰，直将婆媳双方劝和为止。[1]

新春拜年三道茶

长兴百姓盛行新春拜年三道茶。从大年初一开始，人们开始相互走亲拜年。为了接待新年来客，每家都会用茶盘准备好糖果、瓜子、水果等茶食，此外，还必须有三道。这三道茶即是甜茶、咸茶和清茶。

家中来客拜年时，上的第一道是甜茶。甜茶的主要作料有两种：一是用镬屑（锅巴）。镬屑是用纯糯米烧煮的糯米饭，放在烧烫的铁锅子里，一面用劲将锅中的糯米饭在铁锅里塌，一面在柴灶里烧火加热，使铁锅里的糯米饭粘在锅底上，形成薄薄的、一片片色白微焦、香脆可口的镬屑。二是糯米冻米花。将镬屑或冻米花放入小碗，加少许白糖，再用沸水冲泡。片刻，一碗热气升腾、甜香滑溜的甜茶就泡好了。

客人喝完第一碗甜茶后，主人又端出第二碗咸茶。咸茶的主料是烘青豆，即将鲜嫩青毛豆用水煮熟后放在柴火上烘干，并用石灰收燥。另外加入少许茶芽、百籽（即紫苏籽）、胡萝卜丝、桩子皮

[1] 《齐里人喝茶有讲究》摘自《长兴非物质文化遗产调查卷》。

（橙子皮）等。沸水冲泡的青豆咸茶，色泽碧绿，又有红色胡萝卜丝的衬托，鲜美亮丽，再加茶中百籽透出的野草香味，慢慢品尝，味咸气香，生津开胃。最后，主人会递上筷子让客人将咸茶中的青豆吃掉。

这时，主人再端上第三碗清茶。在茶杯中放入细嫩绿茶（正月间主人总是用家中最上品的笃芽茶来招待客人），用开水冲泡成一杯清茶。客人拿到清茶，便边品边聊，宾主互通信息，人世间的亲情、友情也融入清茶之中。长兴农家还以新春拜年三道茶寓示三道口彩，头道甜茶叫作"一年甜到头"，二道咸茶叫作"结缘茶"，三道清茶叫作"闲话茶"。

新春拜年三道茶的风俗礼仪现在也简单化了，但是，长兴太湖沿岸和产茶的山岕百姓人家还是讲究新春拜年三道茶的礼仪风俗的。

（四）顾渚茶区的民间传说

金沙泉与金钱松

水口顾渚吉祥寺的大殿旁有一眼金沙泉，泉址原先在寺的后门内，泉水四时不竭。泉上岩石原镌有"金沙泉"三个大字，泉旁还长有一棵挺拔苍劲的金钱松。

相传，这"金沙泉"三个大字和这棵金钱松还与诗仙李白有一段缘分。泉上岩石镌刻的"金沙泉"三字是李白手书的，字体肥硕，笔力遒劲，神韵近似颜体。而泉边那棵金钱松也是李白所植，其中更有一段神奇故事。

李白久闻顾渚盛产紫笋贡茶，一天，他兴致勃勃地扶杖沽酒，来到顾渚山。见顾渚山山清水秀，诗仙酒瘾大发，从杖头挂着的酒葫芦里倒酒喝，可是酒已被喝干了。他在顾渚山脚欲寻酒肆，但是山野之中，哪能寻得到？情急之中，李白见身边有一泓清泉汩汩而流，于是他将手杖置于金沙泉边，摘下杖头挂着的酒葫芦，弯腰用葫芦舀了潭中泉水便喝。说来神奇，此泉水入口，满口醇香，诗仙只饮了半盏水，便醉意朦胧，飘飘然地去抓扶杖，不料这柄扶杖已长成了枝叶扶疏的金钱松。

此后，金沙泉和泉旁的金钱松就成了当地百姓的崇拜之物。就连士大夫之族也为求平安而前往金沙泉畔，在金钱松下揖拜。遗憾的是，朝代更迭，春秋轮回，李白的遗墨已无法寻觅考证，金沙泉旁的金钱松也不见了。

仙茶

已记不清是哪个朝代了，传说顾渚村有个老太太到吉祥寺边上去摘茶叶。有一棵茶树蛮奇怪，茶叶刚采摘掉，片刻就冒出新的茶芽来。老太太边摘，茶树边冒芽，摘得越快，叶芽冒得越快，老太太高兴极了，说它是棵仙茶。晚上回到家里，她把采摘回来的茶叶放在铁镬子里焙干，放在碗里泡出茶来，那碗中茶芽带有紫色，朵朵朝上，像笋尖尖一样。后来，人们就称这茶为紫笋茶。[1]

薛大勇智送顾渚茶

太湖边上有个包漾湖，离包漾湖不远有两个村庄，一个叫薛家滩，一个叫童庄殿。

相传很早以前，这里有个叫薛大勇的人，他从小就有胆有识，智谋过人。

一天，他划了一条小船正在包漾湖里捉鱼。从顾渚方向慢慢地驶来几条沉甸甸的船，里面装的是封好的板箱和一只只甏。船工们个个唉声叹气，没精打采。薛大勇问道："船里装的是什么？运到哪里去？"

"送顾渚茶、金沙泉水到京城。"一个船工懒洋洋地回答。

"今年我们出产的茶叶全部在这里了，真是吃人心肝，叫我们怎么过日子哟。"另一个接着说。

薛大勇一听怒气勃勃，心想，这顾渚茶叶、金沙泉水是抗瘟疫、治百病的仙水宝茶，怎么能赔钱贴工夫地送给这个混账皇帝呢？

原来，顾渚茶叶是一种很平常的茶，这里的老百姓一直靠着采茶谋生度日。百姓的生活本来就很苦，却又屋漏偏遭连夜雨，有一年瘟疫在这一带流行，穷百姓一个个病倒了，无钱治病，只能眼睁睁地

---

[1] 《金沙泉与金钱松》、《仙茶》由郑云芳、钱彬欣搜集整理。

等死。后来，有人偶尔用金沙泉的水泡顾渚山上的茶让病人喝，患病的人喝了以后顿觉精神振奋，瘟病全消。大家高兴得不得了，一个个欢欣鼓舞，奔走相告。一时沸沸扬扬，方圆百里的人都到这里来舀金沙泉水，买顾渚茶，以治病患。消息越传越远，名声越来越大，结果传到皇宫里，一道圣旨，顾渚茶、金沙泉水就成了只能由皇帝品尝的贡品了。

大勇越想越气，不觉大声喊道："妈的，这黑心肠的鬼皇帝，耳朵倒生得长，不要送去，不要送去！"

"哈啊，你这后生，说得倒轻巧，皇帝已经下了六道圣旨，没有法子啊！"

小伙子默默地沉思了一阵子说："好，这样吧，你们把茶叶全部挑回去，金沙泉水全部倒掉，换上霉茶和浑浊污水，我帮你们送去，看这龟皇敢怎样我！"

"这样可不行，你白白去送命。"船上的人齐声说。

"保险没事，我有办法对付。"薛大勇拍拍胸脯，蛮有把握地说。

大家拗不过他，就照薛大勇说的做了。

薛大勇带了船工慢慢向京城进发，待到京城，皇帝已经连下十二道圣旨催促过了。但当他看到"仙水宝茶"已经到手了，也不十分追究，满心欢喜地打开一看，一股霉臭气扑鼻而来，顿时龙颜大怒，指着薛大勇大声呵斥："好大胆，你欺君犯上，胆大妄为。"同时喝令刀斧手马上把他拉出去斩首。

薛大勇不慌不忙，走上前向皇帝作了一个揖说："陛下息怒，待我把事情说个明白，再斩不迟。要不你把我斩了，我死在黄泉也是冤鬼。"

"你还有何话，快快说来。"皇帝很生气。

"陛下，这茶叶装上船时，确实是好端端的顾渚紫笋茶。这水也是清澄澄、亮透透的金沙泉水。只因包漾湖风大浪险，船只受阻，延误了日期，使茶叶走味发霉，金沙泉水变质浑浊。"

"胡说！"皇帝不相信。

"陛下如果不信，您老人家亲自去看看，如我的话有假，情愿千刀万剐。"

皇帝心想："这是块仙地，何不乘此去观赏一番。"

于是，皇帝特地叫薛大勇坐在大船上，带了文官武将，向包漾湖而去，没有多少时间就到了太湖。人说太湖无风三尺浪，这天又正好有风，船颠簸得非常厉害。

"啊！太湖真大呀！浪真高呀！"深居宫殿里的皇帝从来也没有遇到过这样的场面，心里有点惊慌。

薛大勇哈哈一笑说："这太湖算什么，比起包漾湖来好似一只洗脚潭呢。"

"包漾湖还要大？到底是什么样子？"皇帝禁不住问道。

"要说包漾湖，无风浪十丈。"薛大勇有声有色地说："河滩都是用锡浇铸起来的，并用铜桩头打牢夯紧，要不两边的村庄早已冲光啦。这里有句谚语叫：'太湖渺小，包漾湖浩大，铜（童）桩（庄）头，锡（薛）浇（家）滩。'我们再摇过去几里路，马上就要到啦！"说着，故意催着船工们快摇。

"慢！慢！"皇帝听了十分害怕，但还是将信将疑，犹豫不决。要说再摇过去吧，恐遭风险，不摇过去吧，薛大勇的话又不能完全相信，况且这块仙地还未到，就这样回去了吗？

于是，皇帝命令将船停靠在太湖边的芦苇荡里，派两个武士去包漾湖细细打听。

过了好一会，两个武士慌里慌张地回来了。

"我皇万岁！万岁！万万岁！包漾湖的确是铜（童）桩（庄）头，锡（薛）浇（家）滩，我们问了好几个乡民都是这样说的。"

皇帝这才相信，即命回京。待皇帝和官吏们开船后，薛大勇也坐上了自己的船，一路顺风，欢欢喜喜地回来了。

老百姓齐声赞颂薛大勇的智慧和胆识。直到现在，"薛大勇智送顾渚茶"这个故事还在这一带流传着。

紫笋茶叶金沙水

楚霸王和刘邦争夺天下，打了败仗。这天，他只身逃到顾渚山脚下，口渴得要命，匆匆忙忙地找水喝。可是由于连年干旱，小溪涧里都干得断了水，寻来寻去寻不到。正在着急，忽然竹林深处传来"泼剌剌泼剌剌"的撩水声，还带着幽幽的香气哩。楚霸王快活极了，寻声走去，一看呆了，只见一个少女弯着腰肢在脚盆里汰浴（长兴方言：洗澡）。霸王赶紧回避，慌乱间碰响了毛竹，那汰浴的少女看见一个男子在边上看她，羞煞了。她来不及遮掩，掇起脚盆一旋旋到了石门山上。霸王心想，这女子真是好功夫！随即揪住自己的头发腾空而起，跟着那少女也来到石门山上。

石门山上有棵蚕匾大的茶叶树，树枝已经全部枯了。这辰光，两个人中间隔着这棵茶叶树，对面对望着，都露出了好奇而又十分服帖的眼神。霸王看出对方不是一个一般的少女，就对她说出了自己的姓名，并讲明了自己来到这个地方的前因后果。那个少女听了越发服帖了。原来，这个少女叫虞姬，眼下，她在外婆家做客人。接着，虞姬把脚桶里的水倒在茶叶树上，换上衣裳，要陪霸王找水去。谁知，当虞姬把水倒下去后，这棵已经枯了的茶树一下子活泛起来，那枝条上眨眼间生出了嫩绿的茶芽，还怪香的哩。霸王摘了一芽塞在嘴里嚼着，觉着满嘴巴清清香、透透凉、津津甜。楚霸王浑身来了精神，他问虞姬，这是啥仙水？是从哪里舀来的？虞姬也不晓得这水有这么大的法道，她觉得奇怪，便带着霸王到顾渚山脚下的泉水潭边，只见这潭里的水碧绿透清，潭底全是晶晶发亮的沙子，这水是从沙子下面渗出来的。

第二日，当地老百姓拎了篮子三五成群地去摘茶叶。想来，一棵茶树随便怎么大也是不够许多人摘的，可是怪得很，那棵茶树这边摘完了，那一边又生出来，摘来摘去摘不完，大家快活极了。冬天，这棵茶树上结满了果子，大家又把果子摘去，撒到顾渚山附近的山坡上。又隔了一年，山坡上长出了不少茶树，这些茶树结了果子后又被撒到别的地方。几年下来，顾渚山一带尽是茶树了。这个辰光，石门山上的老茶树便真的枯死了。

现在顾渚山上的茶树都是从前那棵老茶树分养出来的，所以，当地人就叫这些茶树为子孙茶，后来又称它为紫笋茶。山脚下潭里的水叫金沙水。[1]

[叁]紫笋茶文化大事记

（一）历史记忆

唐上元元年（760年），陆羽28岁。他隐居江南各地，先居杼山妙喜寺，不久结庐于妙喜寺附近的苕溪之滨。常扁舟往山寺，与释皎然结为缁素忘年之交。皎然有《九日与陆处士饮茶》诗，内有"俗人多泛酒，谁解助茶香"句，以明二人忌酒兴茶之志。

唐大历元年（766年），陆羽与朱放评茶，以顾渚紫笋为第一。

---

[1]　《薛大勇智送顾渚茶》、《紫笋茶叶金沙水》原载《长兴县故事卷》，由许仲民搜集整理。

后经陆羽推荐，常州刺史李栖筠同意，"遂为任土之贡"，始进万两（与阳羡茶同贡）。当年春，陆羽寄顾渚茶两斤至京师国子祭杨绾。说"顾渚山中紫笋茶两片，此物但恨帝未得尝，实所叹息。一片上夫人，一片充昆弟同啜"。

唐大历五年（770年）开始，根据代宗皇帝的诏命，长兴与宜兴分山造茶。当年顾渚山虎头岩吉祥寺始建我国第一家皇家茶厂——顾渚贡茶院，单独作贡。

唐大历九年（774年），颜真卿应长兴县丞潘述之邀，率皎然、陆羽等19位名士至长兴城西竹山寺潘氏读书堂，作诗联句，内容涉及茶事。今存颜真卿《竹山连句帖》。

唐兴元元年（784年），湖州刺史袁高在顾渚山修贡，作《茶山诗》连同3600串紫笋茶，呈送德宗皇帝，并在白洋山刻石题名。石刻至今保存完好。

唐贞元五年（789年），皇帝诏命湖州刺史，将紫笋茶于清明前递送京都长安，谓之"急程茶"。

唐贞元八年（792年），湖州军事刺史于頔，在白洋山南石壁袁高题字的下方刻石题名，事涉修贡，并在啄木岭建境会亭。

唐贞元十七年（801年），湖州刺史李词，因紫笋茶贡额剧增，贡茶院原设施隘陋而扩建重修。将东廊30间作贡焙院，轩焙百余所，工匠千余。并乞武康吉祥寺匾移此，贡茶院平时由寺僧管理，实行贡茶与佛茶合一。

唐会昌三年（843年），湖州刺史张文规在顾渚斫射芥底五公潭刻石题名，石刻保存完好。并在此地建斫射亭，遗址尚存，撰《斫射神庙记》。是年，顾渚紫笋茶贡额达18400串。

唐宣宗大中五年（851年），湖州刺史杜牧，带领全家及幕僚李郢到顾渚山修贡，并在银山袁高、于頔题字的右下方刻石题名。同时作五言长律《茶山诗》等四首。

唐宣宗大中八年（854年），湖州刺史郑颙，奉敕重修贡茶院。

唐咸通七年至八年（866—867年），田园诗人陆龟蒙在与皮日休的顾渚唱和诗中写道："朝随鸟俱散，暮与云同宿。不惮采掇劳，只忧官末足。"说明此时紫竹茶尚在作贡。

北宋初年（960年），吴越归命，郡始修贡，顾渚紫笋茶贡100斤，金沙泉一银瓶。

元至元十七年（1280年），南宋亡，顾渚贡茶院移至水口，并改名为磨茶院（清晖轩）。

元末，贡紫笋茶3斤，续增芽茶90斤。

明洪武六年（1373年）春，工部主事、长兴知县萧洵，到顾渚召集寺僧，重修贡茶院息躬亭、金沙池（建礼泉亭）、清晖轩，制焙之器，为来年贡茶作准备，并于洪武八年在吉祥寺屋壁书《顾渚采茶记》。次年，顾渚山贡芽茶10斤。

　　明洪武八年（1375年），朱元璋革罢团贡茶，只贡蒸青茶芽两斤。岁贡南京，焚于奉先殿。

　　明永乐三年（1405年），顾渚山有官茶地一亩八分，采茶童子14人，每人每年一斤，加上谢公、尚吴等七区共纳贡干茶30斤。

　　清顺治三年（1646年）春，长兴知县刘天运，因"山寇未清，茶地（顾渚）榛芜"，呈报浙闽总督张存仁，紫笋茶遂"豁役免解"，从此罢贡。

　　清嘉庆六年（1801年）三月十六日，湖州候补知府、长兴知县邢澍，陪同著名史学家、少詹事钱大昕及其弟大昭和友6人在顾渚山考察，作《顾渚春游图并序》，留下诗作多首。

　　1979年恢复生产紫笋茶。20世纪60年代中，由浙江省茶叶专家唐立新、庄晚芳先生提议，要尽快恢复紫笋茶。后因"文革"而终止。1976年，长兴县茶叶主评周火生取得了省茶叶公司的支持，在顾渚紫笋古茶园产区与生产队签订合同，打茶灶试制名茶，并由长兴县农业局技术员王林福、供销社茶叶主评周火生参与技术攻关，几经周折后，终于在1979年4月14日，中断了300多年的顾渚紫笋茶重新问世。首批试制紫笋茶经省茶叶专家品评，一致认为紫笋茶的色、香、味、形均冠于诸名茶之首。为扩大古名茶的影响，省茶叶公司将部分紫笋茶以小包装的形式在杭试销。消息一经传出，杭城居民纷纷排队竞购。当年的《浙江日报》于4月24日头版头条报道了"千年贡茶重问世——长兴紫笋茶在杭试销"的消息。重振紫笋古名茶声誉有了良好开端。

（二）茶事活动

1984年春，长兴县人民政府拨款，在顾渚山金沙泉侧，重拓金沙泉碑，重建忘归亭。

1984年8月，日本大阪摄南大学教授、国际文化及文学博士布目潮枫率日本茶经史考察团至长兴顾渚，随团13人，湖州市茶叶园艺学会理事长王林福作陪，在顾渚汪火清家喝茶座谈。

1987年，经长兴县农业部门调查，顾渚山已被茶农利用的野生紫笋茶树共9.7万丛。其中高坞岕有一丛野生茶树高2.8米，冠幅2.65米，树龄逾百年。

1989年，浙江电视台副台长宁火根带摄制组拍摄《紫笋茶文化》纪录片，这是顾渚山紫笋茶首次搬上银幕。

1995年10月，中央电视台《中国茶文化》专题片摄制组在顾渚贡茶院遗址等地拍摄素材，于翌年5月在中央4台连续播出。

1996年5月22日，顾渚山茶文化景区总体规划暨陆羽山庄中心景区详细规划通过专家论证。规划总面积约30.8平方公里，包括顾渚山茶文化景区和寿圣寺、霸王潭、虎头岩、陆羽山庄、竹茶谷五大景区及境会亭、金山摩崖石刻等景点。而唐代贡茶院的恢复，则是顾渚山景区建设的重中之重。这是顾渚山历史上的第一轮保护和建设性规划,由浙江省城乡规划设计研究院编制。

1997年7月,日本茶道团体里千家天津短期大学师生一行十多人参观了顾渚山大唐贡茶院遗址。

1999年4月3日,"99长兴——中国陆羽茶文化旅游节"在长兴体育馆隆重开幕,是日下午,应邀嘉宾参观顾渚山采茶、炒茶、"无我茶会"、茶艺表演等活动。

2000年秋,韩国茶人联合会会长朴权钦、副会长尹致五一行,在湖州市副市长丁文贲和湖州陆羽茶文化研究会会长董淑铎陪同下,参观顾渚山唐代茶文化遗址。

2001年,韩国礼茗院院长孙旻伶、釜山女子大学茶道馆馆长郑瑛教授一行11人,在湖州陆羽茶文化研究会执行会长徐明生陪同下,到顾渚山参观、考察。

2001年,中国农业科学院茶叶研究所和省茶叶产业协会的专家、领导考察长兴有机茶基地。

2002年9月,日本茶之汤文化学会第十七回访中团一行28人,在团长仓泽洋率领下,到顾渚山茶文化圣地参观考察。

2003年5月21—28日,湖州陆羽茶文化研究会执行会长徐明生等一行八人赴顾渚,对顾渚山唐宋摩崖石刻、贡茶院遗址、古茶山等作了全面深入的调查,并撰写了《关于保护和开发顾渚山唐代茶文化遗址的调查》。

2004年4月8—9日，全国政协委员、中国国际茶文化研究会会长刘枫，率领茶文化专家学者近30人，在湖州市、长兴县相关领导陪同下，对顾渚山茶文化进行了实地考察，并召开了座谈会。这次考察对推动贡茶院、古茶山的保护和重建起了促进作用。

2005年，紫笋茶参加在上海举办的"长兴顾渚紫笋品茗推介会"。

2005年8月9日，顾渚山大唐贡茶院保护性建设工程设计方案评审会议在长兴国际大酒店召开。来自国内的东南大学建筑设计研究院、东南大学建筑学院、杭州园林设计院有限公司、中国建筑东南设计院、中国建筑西北设计研究院、浙江大学建筑设计研究院6家单位参与了设计的竞选。中国科学院院士李道增等5位专家应邀担任评委。经专家投票表决，东南大学建筑学院提供的方案获第一名。该项目翌年2月放样开工。

2005年，原中国驻美大使李道毅、原新华社驻香港分社社长周南，原驻牙买加大使吴甲选等社会名流在京品尝紫笋茶。

2008年，紫笋茶参加在北京举办的"长兴名茶拍卖会"。当代茶人吴建华采自顾渚山的100克野生紫笋茶和他研制的300克紫笋饼茶，在一片喝彩声中分别被拍出6.2万元和5.3万元的历史高价。

2008年，长兴县茶文化研究会成立。张加强任会长，杜使恩任副会长兼秘书长，张汉新任副会长。

2008年5月28日，第十届国际茶文化研讨会暨浙江湖州(长兴)首届陆羽茶文化节在长兴开幕。全国政协副主席张榕明出席开幕式，中国国际茶文化研究会名誉会长杨汝岱宣布开幕，省委副书记、省长吕祖善致辞，省政协主席周国富，副省长茅临生，全国政协人口资源环境委员会副主任李金明，老同志王家扬、刘枫和安启元等出席开幕式。同日举行了以陆羽在长兴事茶为题材的电影《茶恋》剧本首发仪式，并举行了大唐贡茶陆院重建落成典礼。研讨会期间，日本、韩国、新加坡、马来西亚和斯里兰卡等国家以及港澳台地区的大批茶人来长兴考察、交流。

2008年5月29日，中国国际茶文化研究会成立15周年纪念大会在长兴举行。

2010年，紫笋茶参加在上海举办的"长兴紫笋茶宣传品鉴会"。

2010年5月，首部以中国茶文化为主题的大型纪实文献电影《南方嘉木》在长兴举行了开机仪式。

2010年，第二届中国湖州（长兴）陆羽国际茶文化节、第三届中国·长兴陆羽国际茶文化（旅游）节暨中国县域金融论坛在长兴举行。来自国内外600余位茶界专家、文化名流、经济学者等参加。省政协主席、中国国际茶文化研究会会长周国富宣布开幕。中国人民对外友好协会常务副会长、党组书记李小林及湖州市、长兴县的领导出席了开幕式。

2010年，长兴陆羽国际茶文化节进入中国农事节庆影响力指数排行榜十强，已受到业界的高度关注和认可。

2013年10月16日，以"茶缘·禅心"为主题的第八届世界禅茶文化交流大会在长兴开幕。中国国际茶文化研究会会长、省政协原主席周国富宣布开幕；来自海内外的高僧大德以及佛学界、茶文化界、史学界、艺术界的500多名嘉宾参加此次盛典。开幕式上，中国国际茶文化研究会常务副会长、省政协原副主席徐鸿道和中国佛教协会咨议委员会副主席、苏州灵岩山寺方丈明学长老共同为"世界禅茶文化交流圣地"——长兴寿圣吉祥寺授牌；日本心茶学会会长仓泽行洋、韩国国际禅茶文化研究会会长崔锡焕、长兴县佛教协会会长界隆方丈等致辞。大会期间还举办了禅茶祈福大典、世界禅茶文化论坛、历届世界禅茶文化交流大会回顾展、"茶缘·禅心——禅门一日茶"表演和各国茶道交流等系列活动，多位国内外著名茶学研究专家进行主题论文交流。

（三）获得荣誉

1979年至1982年，一度失传的紫笋茶试制恢复成功，并连续4年被省农业厅评为浙江省名茶。1982年获省级名茶称号，同年6月被评为中国名茶。

1985年，紫笋茶获国家农牧渔业部颁发的"全国名茶"证书。

1989年，紫笋茶在国家农业部复评中再获"部优产品"称号，被列为部优农产品基地开发项目；同年，获国家林业局"全国名茶"称号。

1999年，紫笋茶在北京首届国际农博会上获名牌产品称号。

2005—2007年，紫笋茶连续三届获中国国际茶业博览会金奖。

2003—2006年，紫笋茶被续四年被上海国际茶文化节评为金奖。

2001—2007年，紫笋茶连续七次被浙江农业博览会评为金奖。"紫笋"牌商标连续三次被评为浙江省著名商标，"紫笋"牌紫笋茶连续三次被评为浙江省名牌产品。

2005年，长兴县人民政府获中国茶叶学会、《农民日报》颁发的"茶产业发展政府贡献奖"。

2006年，长兴县人民政府被中国国际茶业博览会授予"发展茶产业，弘扬茶文化"贡献奖。

2010年，"紫笋"牌商标被列入"浙江老字号"。

2010年，紫笋茶获农产品地理标记登记（属浙江省首例）。

2010年，"紫笋"牌被命名为"中华文化名茶"；长兴县被中国国际茶文化研究会命名为"中国茶文化之乡"。

（四）论文著作

1992年，长兴县政协文史资料委员会创编，何光耀主编的《顾渚紫笋诗文录》作内部资料发行。

闵泉撰写的《略论唐代顾渚贡茶》载于1994年《农业考古》第4期。

谢文柏撰写的《弘扬顾渚文化　重振紫笋雄风——纪念唐代紫笋茶作贡1225周年》载于1995年《农业考古》第2期。

吕维新撰写的《唐代贡茶制度的形成和发展》载于1995年《农业考古》第2期。

徐荣铨撰写的《湖州市长兴县顾渚山的摩崖石刻》载于2001年《农业考古》第2期。

徐明生撰写的《让顾渚山重放异彩——关于保护和开发顾渚》载于2003年《农业考古》第4期。

徐明生撰写的《从顾渚山看振兴东方茶文化的三大依托》被收入2004年《第八届国际茶文化研讨会论文集》。

谢文柏撰写的《唐诗揭示了紫笋茶的加工、饮煮奥秘》载于2005年《农业考古》第2期。

谢文柏撰写的《境会亭究竟建在何处》、《长兴顾渚山是唐代茶文化的源头》、《对〈中国贡茶〉一书的纠误》被收入2006年《第九届国际茶文化研讨会暨崂山国际茶文化节论文集》。

谢文柏所著的《顾渚山志》于2007年由浙江古籍出版社出版。

张加强所著的《旷世典雅——顾渚山传》于2007年由上海人民出版社出版。

2008年，由长兴县政协文史资料委员会创编，张全镇主编的《历代顾渚紫笋诗文录》由中国文史出版社出版。

谢文柏撰写的《顾渚茶史地考》被收入2008年《第十届国际茶文化研讨会暨浙江湖州（长兴）首届陆羽茶文化节论文集》。

附：当代茶圣述评顾渚紫笋

吴觉农，浙江上虞丰惠人，原名荣堂，因立志献身农业（茶业）而改名觉农。吴觉农先生是中国知名的爱国民主人士和社会活动家，著名农学家、农业经济学家，中国茶叶学会名誉理事长，现代茶叶事业复兴和发展的奠基人。他在中国茶学界、茶文化界有较高声誉。

由吴觉农先生主编，农业出版社1988年出版的《茶经述评》，是一本茶叶专业书。《茶经述评》（下面简称《述评》）是吴老几十年来从事茶业和科学考察所写成的一部巨著，既述评陆羽《茶经》，又对茶叶研究提出了新的课题。并按陆羽《茶经》中的十章内容，逐章引用原文、译文、注释，然后进行了评点。陆定一为该书著序，其中说"陆羽的《茶经》，成书于八世纪，至今一千二百余年……人们多么希望看见二十世纪新茶经的出世"，"吴觉农先生的《茶经述评》，就是二十世纪的新茶经"，"如果陆羽是'茶神'，那么吴觉农先生是当代中国的茶圣，我认为他是当之无愧的"，"这本书无疑是茶学里的里程碑"。

《述评》对长兴的茶叶，尤其对顾渚紫笋茶作了许多引用和论述。这里将主要内容摘录如下：

《茶经》第一章，对制茶的原料，即采摘的鲜叶或芽叶，提出了按色泽、嫩度、形态来鉴别优劣的办法，"紫者上，绿者次；笋者上，芽者次。叶卷上，叶舒次。"《述评》明确提出："按照现在的茶树品种，以芽叶的颜色来区分，有紫芽种、红芽种、绿芽种等，'紫者上'指的可能就是紫芽种，如顾渚紫笋，顾名思义，是紫芽种的芽叶制成的。"又说："唐代湖州的顾渚紫笋茶，是最负盛名的贡茶之一"，"顾渚紫笋茶，是以其'色紫而似笋'得名的，也是符合陆羽所说的'紫者上，笋者上'的"，"长兴为了制造贡茶，曾设有贡茶院"。同时还讲了当年所制贡茶的具体数量。

《茶经》第三章是茶的制造。《述评》在论述制茶工艺和茶类的发展中讲："《茶经》所介绍的饼茶制法，从《茶经》成书的时间和地点看，可能就是当时最盛名的'贡茶'，即宜兴阳羡茶和长兴顾渚紫笋饼茶的制造方法。"又讲："唐代在顾渚贡茶院制造贡茶时，要用顾渚泉来'烹蒸涤濯'。所谓顾渚泉，就是源于啄木岭的金沙泉，金沙泉在唐代也是作为贡品和顾渚紫笋茶同时入贡的。"

《茶经》第七章是茶的史料。《述评》在叙述历代茶政沿革时，又谈到"唐代官焙制成的贡茶，就有产于今江苏宜兴的阳羡茶和产于浙江吴兴（即长兴）的顾渚紫笋茶"。并且作了详细的叙述："以顾渚紫笋茶为例，它'岁有定额，鬻有禁令'，还专设有贡茶院管理焙事务。由于这一贡茶要在每年清明以前由产地赶送到都城长安，所以茶农就要'凌烟触露'，'朝饥暮匐'不停地采摘，以免误期，但就是这样，官家还要接二连三地用公文加以催促。唐德宗时，袁高所写的有名的《修贡顾渚茶山》诗，对此事说得极为痛切。""当时，唐代的著名贡茶——阳羡茶和顾渚紫笋茶，已代替了五代十国时期南唐（937—975年）时所采造的福建建茶。这一贡茶，也如同唐代一样，'大为民间所苦'。"

　　《茶经》第八章，茶的产地中载有"浙西，以湖州上，湖州，生长城县顾渚山谷，与峡州、光州同；生乌瞻山（山桑、儒师二寺），天目山，白茅山悬脚岭，与襄州、荆南、义阳郡同；生凤亭山伏翼阁飞云、曲水二寺，啄木岭，与寿州、常州同；生安吉、武康二县山谷，与金州、梁州同"。译文和注释对上述产茶的地点，都有详细说明。并说："长兴不但有明月峡的岕茶，而且还有罗岕茶"，"罗岕茶在平辽三都，最为苏常所珍"，"长兴还有次于罗岕茶的张坞茶"等。《述评》在谈到夔州的岭茶时，再次提到顾渚茶，说"岭茶可以与顾渚紫笋茶比美"。

　　吴老的新茶经，无疑是茶学的里程碑，也为弘扬中华民族的茶文化做出了历史性贡献。[1]

---

[1] 《当代茶圣述评顾渚紫笋》摘自长兴文史资料第四辑《顾渚紫笋诗文录》，何光耀撰文。

四、传承与保护

「紫笋」与「子孙」在长兴话里谐音相同，紫笋茶在民间传说中，便有子子孙孙采摘不尽、世世代代有茶可饮之意。紫笋茶制作技艺亦当如此，子子孙孙忠于古法，传承古法。目前，以郑福年、马瑞为代表的长兴紫笋茶制作者，在传承发扬长兴紫笋茶制作技艺的道路上孜孜不倦，传统制作技艺必将继续鲜活地传承下去。

四、传承与保护

[壹]传承人

（一）传承谱系

　　顾渚作为贡茶产地，其紫笋茶制作技艺随着历史的发展屡经变更。在顾渚地区一度盛行的紫笋茶制作技艺至今留有影响。追根溯源，主要为以下几种：

1. 明万历年间由姚绍宪始创的许氏泡茶法	2. 创始于明万历中期的炒青法，是紫笋茶自唐代以来的一次重大制作技艺变革	3. 明末由僧稠荫由安徽传入宜兴再经啄木岭传入金山的铫炒法

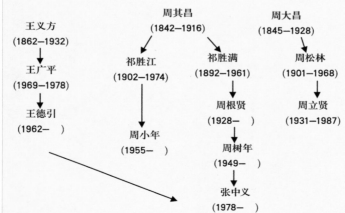

王义方
(1862—1932)
↓
王广平
(1969—1978)
↓
王德引
(1962—　　)

周其昌
(1842—1916)
↓
祁胜江
(1902—1974)
↓
周小年
(1955—　)

周其昌
(1842—1916)
↓
祁胜满
(1892—1961)
↓
周根贤
(1928—　)
↓
周树年
(1949—　　)
↓
张中义
(1978—　　)

周大昌
(1845—1928)
↓
周松林
(1901—1968)
↓
周立贤
(1931—1987)

紫笋茶山

4. 融合了唐代蒸青作饼法、宋研膏饼茶法、元末散茶茶法的"三法并存"蒸青紫笋制茶方法

5. 明崇祯年间由姚氏创立的蒸青岕茶

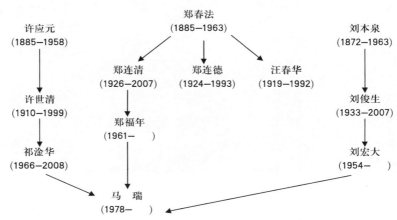

（二）代表性传承人介绍

郑福年：长兴人，初中文化程度。现住长兴县水口乡顾渚村。郑福年从幼年起就在耳濡目染中感受茶叶制作的精髓，对紫笋茶的制作技艺深感兴趣，年少时便跟随父亲学习紫笋茶制作，现为紫笋茶制作技艺的第四代传承人。几十年来，他不仅熟练地掌握了现代紫笋茶的制作技艺，还潜心研究和恢复古代特别是唐代紫笋茶的制作技艺。经过多年的研究、探索和实践，郑福年的制茶技艺不断提升。2005年，在长兴县举办的茶叶加工工艺技能评比中获得制（紫笋）茶组技能第一名；同年，取得茶叶初制工中级证书。

郑福年长期在长兴县各大茶厂传授紫笋茶制作技艺。在他的指导下，长兴紫笋茶的制茶技艺凸显地方特色，产品备受市场欢

传承人郑福年与徒弟马瑞

迎。2009年被公布为紫笋茶制作技艺市级代表性传承人，2011年被公布为省级代表性传承人。

马瑞：河北保定人。曾就读于河北大学物理系。进入社会后从事IT工作。因其父亲嗜茶，家里曾经营一间茶店。马瑞在替茶店采货时，得以亲历诸名茶产区，被茶之千态百味所迷，遂转入茶业。2006年春，他到顾渚拜郑福年为师，学习紫笋茶制作技艺。对顾渚茶文化源脉的执着求索，让他决定留在顾渚从事茶业，于2007年完成了紫笋茶历史制作方法的断代式恢复，并撰写了相关报告。2010年，在当地政府及诸友人的帮助下，他创立了君子长生院公司，并取得中级评茶员证书。

附：制茶人情缘（郑福年口述）

我出生在水口顾渚，这里山清水秀，满山上长有野生茶树，我们地方上的人把山上的野生茶叫"野山茶"，是纯天然生长的茶叶。

我读小学的时候，那时还实行生产队集体制，我家兄弟姐妹多，全家人靠父母挣工分养活。遇上春天采摘茶叶的季节，我父母利用生产队收工后的时间，到附近的山上采摘野山茶。我放学回到家，书包一丢，拿块拴腰裙，也爬上山跟着父母采摘野山茶。我父母都是这里土生土长的山民，他们和我一样，从幼年起就跟着长辈上山采摘茶叶。尽管那时的生活勉强图个温饱，但我还是有许多快乐，如上山采摘野山茶就是生活中的一种乐趣。

我第一次跟随父母采摘野山茶时，父亲让我把拴腰裙拴好，教我左手将拴腰裙下方的两只裙角撩起捏住，让拴腰裙围成一个布兜，右手采摘茶叶，并将采摘下来的茶叶往布兜里扔。现在采摘茶叶时改用篓兜了。这其实是有讲究的。盛放在篓兜里的青叶不会随人走动而挪动，因此，清香味不易"跑"出来，要拿到家放在竹匾里摊晾后才会慢慢释放茶香味，茶叶的质量更能得到保障。

采摘茶叶时，一定要用两个指头在一叶一芽的开叶处下手，叶芽不能用手指掐，必须用手指捏住叶芽往上拎摘。更讲究的采茶法是要把长叶茶和团叶茶分开来采，如混杂在一起的话会造成茶叶形状不一，影响茶叶的外观和品质。

我那时跟着父母上山采茶叶，总要采到天黑才下山。回到家，第一个任务就是把采来的茶叶放在匾里摊晾，然后才能吃夜饭。夜饭后，父亲就去制茶房开始制茶。我先是跟在边上看，后来稍长大些，也跟着父亲学习制作茶叶。鲜茶叶放在匾里摊晾到有七成干，并散发出茶香味时，才可放进灶头上的炒茶锅内炒焙，这道工序叫"杀青"。炒茶叶的锅子要被火烧得很烫，茶叶放进锅后，制茶工要用手直接操作。我看父亲炒制时从不烫手，而我初学炒制茶叶时，手却被烧烫的铁锅烫得跳脚喊痛。父亲说，炒制茶叶烫着手叫作"摸蟹"，初学炒制茶叶时，我就摸过好几次蟹呢！后

2013年文化遗产日，郑福年在长兴县文化馆"非遗"展厅展示炒茶技艺

来父亲教我，炒制茶叶时，操作的手一定要揿在茶叶上，这样就烫不着手了，我照着父亲的指点去做，真的再没烫着手。茶叶杀青后，第二道工序叫"整形"，把杀青后的茶叶放在锅内，用一只手把茶叶抓出条形来。起锅后，要回凉。如没做到位的话，要再做一遍。最后一道工序叫"烘干"。把已成形的茶叶放入锅内，一定要掌握火候，初烘到八成干时，就要退火，否则茶叶会被烘焦。原来"烘干"用三只火钵头，每只火钵的火温逐渐下降，茶叶在三只火钵中逐一过钵退火，确保茶叶干而不焦，这时，起锅后的茶叶才算加工完毕。一般七两至一斤鲜茶叶可制二两干茶叶。做一锅次茶叶，一般是一斤干茶叶。那时采制的茶叶都是用来自家喝，或者送

人，不敢拿到集市上去卖，因为农民私自卖茶叶是搞资本主义，要受到批判的。

改革开放时，我已有二十多岁了。那时我分到了一亩多茶地，还有石坞芥里二十多亩荒山。那荒山上长着些野山茶，我把荒山上的杂草、杂树铲除掉，让山上的野茶树生长起来。通过四五年时间的培植，这些野生茶树长得越来越好，我每年两次上山除草，又把除下来的草埋在茶树下，成了天然的有机肥，使山上的茶叶成了真正的生态有机茶。现在，我们的茶叶大部分已经面向市场销售，而且我们这里还利用优美的自然环境，开发旅游，农户创办农家乐。农民的收入增加了，生活富裕了，顾渚紫笋茶竟成了知名的旅游产品。

我觉得传统的制茶技艺是我们这里宝贵的文化资源，虽然现在有了现代化的机械制茶技艺，但是传统的手工制茶技艺更需要保留下来。我们顾渚出的紫笋茶，在唐代就是贡茶了。随着时代的变迁，我们顾渚紫笋茶的制作技艺也有了变化。

我对古代的制茶技艺很感兴趣，我认真地从父辈传给我的制茶技艺中汲取其中的精髓，自己又查阅资料，摸索古代制茶技艺。我先学蒸茶的制作方法。原来蒸茶叶是用木甑的，那会影响茶叶的香味，我就改用竹甑，蒸制出来的茶叶有了特殊的清香味。蒸制茶叶的技术环节主要有以下几点：将锅中水烧开，待竹甑面上开始冒出水蒸气时，就可把已经晾出茶香味的鲜茶叶放入甑内，片刻后，凭自己的嗅觉，闻到认为可以起甑的香味时，把甑盖揭开，观察甑内茶叶的颜色，待色透绿，即可出锅。甑内的茶叶不能变黄，也不能只绿不熟，否则茶叶就会报废。出锅的茶叶要赶紧摊开，并用风扇将其吹凉，然后放入锅内烘焙。蒸制出来的茶叶比直接炒制的茶叶更香，色泽更艳，口味更醇。我还探索传统制作茶饼的技术工艺。制作茶饼也要用甑蒸制，只是蒸熟的茶叶出锅后，要用纱布将茶叶汁压榨出来，这环节叫"去涩"。去涩后的茶叶再放到石臼里用木杵将其捣烂，然后用模板压制成一个个形状各异的茶饼，再将茶饼放在锅中烘焙成干茶饼。茶叶的香味储存在茶饼内，不易散失，泡开饮用时，香味特浓。

进行修整并铺设了游步道的顾渚古茶山

紫笋茶的制作有一定的标准，如茶叶烘干的标准就是以两个手指能将茶叶捻成碎屑。绿茶的色泽要求是绿梗绿叶，允许叶上有白点，不允许有红梗。

2005年，一位从河北保定来的大学生叫马瑞，他十分爱好制茶技艺，便留在顾渚拜我为师。我看他与我是志同道合的人，就把我所掌握的紫笋茶的制作技艺悉心地教给了他。他在顾渚也承包了一块茶山，每年春天他要从河北保定赶来，从事茶叶的采摘和制作。紫笋茶的制茶人，最讲究的是嗅觉灵敏，我的几个子女虽从我这里学到了一些制茶技巧，但都有局限。现在我发现我的孙女郑思怡，她年仅七岁，对茶叶却有特殊的兴趣，而且嗅觉特好，喜欢跟大人到茶园，看大人采摘茶叶，还能分辨茶叶的优劣。2012年，我作为顾渚山里的一名制茶人，上了中央卫视第七套节目，也上了浙江卫视，我感到十分荣幸。我得把长兴紫笋茶的制作技艺更好地传承给后人，并要有创新发展，为顾渚山水添上美丽一景。

（整理：施正强　葛丹　执笔：施正强）

[贰]现状和问题

（一）紫笋茶整体发展现状

据长兴县农业局提供的信息和数据，长兴县现有茶园总面积10.45万亩，其中紫笋茶4.33万亩，投产面积4.16万亩，主要分布在水口、白岘、小浦、泗安、林城等乡镇，其中紫笋茶原产地水口乡有1.1万亩，经开辟整理后，以顾渚山为主的原生态野生茶山有2600亩。紫笋茶面积中的无性系良种有1.83万亩，良种化比例达42.3%。建有紫笋茶生产基地20个，面积8000亩，其中500亩以上规模茶场5个。1.5万亩茶园被列入国家农业部无公害农产品生产基地，0.805万亩为绿色食品茶基地，0.55万亩获有机茶认证。2014年，紫笋春茶产量

245吨，总产值1.6亿元。

（二）紫笋茶文化开发保护现状

顾渚紫笋茶古茶山的开发

1. 原有古茶山面积近600亩。分布在：方坞岕约200亩，四坞岕约200亩，斫射山近100亩，高坞岕（短岭）60亩，竹坞岕40亩。

2. 在古茶山基础上发展而来的茶山面积2600亩。具体为：方坞岕600亩，四坞岕900亩，斫射山950亩，高坞岕及竹坞岕150亩。

3. 现古茶山茶树的管理实行统一指导、分户管理。采摘春茶一年一次，管理三次。对古茶山道路石砌已投入35万元。

无公害绿色食品茶基地（长洽办供图）

紫笋茶文化遗迹修复

1. 2005年，省考古研究所和长兴县文化广电新闻出版局联合对顾渚山摩崖实施了保护工程。主要是进行物理保护，对摩崖加盖竹凉亭、钢架凉亭，整治摩崖周边环境，收到良好效果。同年，经省文物局批准，由长兴县政府具体实施，在原贡茶院遗址重建气势恢宏的"大唐贡茶院"（目前已完成一、二、三期工程，开辟了顾渚茶文化景区），重修忘归亭、金沙泉，三组九方摩崖石刻等遗址在保护下重现风采。

2. 2006年5月，顾渚贡茶院遗址及摩崖被国务院公布为第六批全国重点文物保护单位。

3. 2014年，由县文化广电新闻出版局投入12万元，对顾渚山摩

紫笋茶制作技艺保护基地：水口君子长生院茶坊

崖石刻进行物理保护，修筑了围栏和亭子。

紫笋茶制作技艺保护现状

1. 2009年，紫笋茶制作技艺被列入第三批浙江省非物质文化遗产名录项目；2011年，紫笋茶制作技艺被公布为第三批国家级非物质文化遗产名录项目。

2. 2009年，郑福年被公布为紫笋茶制作技艺省级"非遗"项目代表性传承人；马瑞被公布为市级"非遗"项目代表性传承人。

3. 2011年，长兴紫砂馆、紫笋馆被公布为浙江省第一批非物质文化遗产宣传展示基地。

4. 紫笋茶制作技艺被列入国家级非物质文化遗产之后，水口乡政府和县文化主管部门加大了对"水口茶艺表演"这一民间艺术的

紫笋茶制作技艺保护基地：长兴丰收园茶叶合作社

保护和发扬力度，成立了"顾渚茶韵"表演队。

（四）紫笋茶制作技艺在传承中的问题

传承人人数较少、组织开展传承困难

明末清初至新中国成立前，紫笋茶一度濒临消失。1979年，长兴紫笋茶恢复了少量生产。但由于水口乡等地掌握传统紫笋茶制作技艺的制作工匠相继去世，能开展传承工作的传承人屈指可数且年事已高，文化水平普遍偏低，组织开展传承工作存在困难。

传承难度大、传承梯队不完整

一直以来，紫笋茶制作技艺传承是以口传心授的方式在家族内部进行的。紫笋茶传统制作技艺的掌握依赖于经验的积累，传习时间长、难度大。由于生活方式的改变，传承人的后人从事制茶行业的极少，年轻一代普遍不愿意学习紫笋茶制作技艺，出现了后继乏人的现象。紫笋茶制作技艺面临失传的危险。

传统制作技艺受到冲击

随着茶叶生产加工产业化，紫笋茶种植面积不断扩大，用传统紫笋茶制作技艺制作的茶产量却更少了，因为传统制作技艺对茶农的技艺要求高，成品茶叶品质也不稳定，不能适应当前茶叶市场的需求，因此传统紫笋茶的制作技艺长期受到忽视，手工炒制茶叶被大规模的机器炒制茶叶取代，传统紫笋茶制作技艺处于濒危状态。

紫笋茶在生产管理、品牌标准上存在差异

尽管长兴全县已有紫笋茶生产基地30个、已获QS认证的茶叶企业49家、茶叶规模生产企业19家，然而经营面积500亩以上的茶叶规模企业（茶场）仅有3家。多数茶叶企业（茶场）经营面积在100—300亩之间。长兴现有紫笋茶园4.33万亩，有1.4万亩茶园被各农户分散承包并以家庭小作坊形式加工。存在生产规模小而散，茶叶加工设备落后，管理、采摘、加工标准难统一，管理监督难到位等问题。茶叶质量良莠不齐，以次充好现象时有发生，影响了紫笋茶的市场声誉，对紫笋茶制作技艺的保护与传承也产生了不良影响。

[叁]保护措施

（一）农业、政策方面的保护

保护出产顾渚紫笋茶的古茶山

长兴县水口乡顾渚山是我国具有1200多年历史的传统名茶发祥地。顾渚的生态古茶山，在20世纪末只存600亩左右，分布在水口乡的臼坞岕、四坞岕、石坞岕、斫射山4处。现经自然保护与发展已达2600亩。近年来，结合旅游开发，由顾渚村投资35万元修筑了古茶山的块石通道。在此基础上，将继续加强"统一指导，分片管理"制度落实的监督，尤其要重视生态环境的保护，做到巩固一块，发展一块。

建设良种选育繁育基地

根据茶产业发展要求，扶持建设一个试制紫笋茶的品种选育繁育基地，通过调查、收集、筛选、培育、对比和试种，选育适应本地气候、发芽时间提早、品质好、产量高、符合紫笋茶加工要求的良种；培育一个珍稀、特色茶树品种选育繁育基地，通过汇集、整理各种特色种植资源，选育繁育特色优良品种。基地挂靠于相关资历深厚、育苗技术成熟和生产经验丰富的龙头茶企，通过土地流转等途径选择灌溉、交通等条件好的平地，采用钢管大棚等现代设施进行高标准建设。

既改植换种老茶园，又要注重地方种群的保护

积极培育本地良种，鼓励茶农把质量差、效益低的老茶园，分期分批逐年进行改良，增加单位面积产量，提高茶叶质量，增加茶农收入。同时，注重地方各类茶叶种群的保护。在顾渚山古茶园建立紫笋茶地方群种保护区，为紫笋茶的发展提供历史的科学考证。

推进标准化生产

对未获得QS认证的企业，按照省初制茶厂优化改造的要求，改建厂房、添置设备；对46家获得QS认证的企业，按照省示范茶厂的要求改造升级，使长兴茶叶加工条件明显改善。制作标准茶样，举办斗茶活动，引导企业按标准茶样生产。按照茶园栽培管理符合无

公害绿色有机、鲜叶采摘符合"一芽一叶"标准、产品加工和贮藏符合紫笋茶操作规程的要求，强化技术培训和交流，全面提升标准化生产水平。

培育紫笋茶加工龙头企业

通过招商引资、引导民资，扶持建设几家集加工名茶、大宗茶、茶饮料、茶食品等系列产品于一体的茶叶规模龙头企业；通过企业收购茶农鲜叶，解决茶农鲜叶销售问题，同时引导茶农延长采摘时间，提高资源利用率和茶园单位面积效益，延伸产业链，带动茶产业。以农业项目为载体，扶持紫笋茶龙头企业的基础设施建设，进一步改善生产条件。

强化商标管理和产品营销

统一设计包装，推行"母子"商标管理，树立"紫笋茶"品牌形象，各"子"商标明示生产企业和质量等级，建立产品可追溯制度，营造良好的市场秩序。鼓励茶叶企业在国内大中城市开设紫笋茶专卖店，拓展茶叶销售市场，继续举办茶叶节庆活动，鼓励企业参加各种茶事活动，积极宣传，扩大影响。

制定紫笋茶发展政策措施，出台茶产业指导意见

每年安排扶持资金800多万元，专用于：茶园喷灌设施、水土基础设施保护，连片发展良种茶园50亩以上的奖励，茶叶营销业绩突出、带动作用明显的经纪人奖励，在大型城市和地级市设立茶叶专

营窗口的奖励，创办制茶企业新获得国家、省、市级农业龙头企业称号的奖励，获得二至五星级的茶叶专业合作社，即获得国家、省、市级的示范合作社的奖励，通过省级地方系列标准和县级地方标准的奖励，获得国家、省级农业标准化示范项目的实施单位的奖励，获得国家驰名商标、省著名商标和市著名商标的奖励，获得省级、市级著名商标复评的奖励，获得国家、省、市名牌农产品的奖励，获得省级、市级名牌农产品复评的奖励，通过食品生产许可证（QS）认证的茶厂的一次性补助，通过绿色食品标识和国家无公害茶叶、省无公害产地（省森林食品基地）认证的奖励。

制定和落实紫笋茶质量保障制度

现已出台的关于紫笋茶质量保障制度有《长兴紫笋茶包装管理办法》、《长兴紫笋茶地理标志农产品专用标志使用管理办法》、《长兴紫笋茶质量管理的具体措施》、《长兴紫笋茶质量可追溯制度》、《长兴紫笋茶特级产品标准样》等，要加强监督实施，不断修改完善，坚持执行到位。

（二）文化方面的保护

申报非物质文化遗产名录项目

2009年，紫笋茶制作技艺成功申报为第三批浙江省非物质文化遗产名录项目；2011年，紫笋茶制作技艺又被公布为第三批国家级非物质文化遗产名录项目。在该项目申报省级、国家级"非遗"名录过程中，长兴县文化广电新闻出版局投入相当的人力、物力和财力，对项目核心技艺进一步挖掘、整理，对项目内容进行了抢救性记录，对传承谱系进行了确认和梳理。

开展抢救性记录

2011年底，长兴县将非物质文化遗产保护作为重要内容，纳入"十二五"文化发展规划，并制定出台了《长兴县文化遗产保护实施意见》。《意见》出台后，由县文化广电新闻出版局牵头，县非物质文

长兴县首届茶文化摄影展

化遗产保护中心落实,对紫笋茶制作技艺开展抢救性记录。主要包括:(1)开展传承人口述实录,完善传承人传承谱系,记录代表性传承人的基本情况。(2)组织开展紫笋茶制作技艺现状调查、搜集、整理,形成了项目存续情况报告。(3)建立4T容量的紫笋茶制作技艺数据库。对紫笋茶制作技艺史料进行搜集、挖掘、整理、加工、利用。(4)组织拍摄《非物质文化遗产——紫笋茶制作技艺》专题宣传片。

帮扶传承人开展传承工作

自紫笋茶制作技艺被公布为国家级非物质文化遗产名录项目,郑福年被公布为紫笋茶制作技艺浙江省非物质文化遗产代表性传承人,马瑞被公布为湖州市"非遗"代表性传承人后,县文化广电新闻出版局、县"非遗"保护中心,开展全省"服务传承人月"活动,多措施并举服务传承人。并由县政府牵头,组织召开一年一度的"非遗"传承人座谈会,认真听取传承人意见及建议,为符合标准的传承人发放政府补贴。

建设各类平台

2012年,长兴紫砂馆、长兴紫笋馆被公布为省级非物质文化遗产宣传展示基地。2012年元旦,长兴县文化馆非物质文化遗产展示厅正式对外开放。展厅面积500平方米,展示了长兴紫笋茶制作技艺等20多个市级以上"非遗"项目,以及与项目相关的实物。在文化礼

以陆羽生平故事为题材的电影《茶恋》剧照之一

《茶恋》剧照之二

堂建设过程中，长兴县文化广电新闻出版局结合"魅力乡村"和文化礼堂建设，发掘展示有个性与特色的"一村一品"。鼓励各村将展示当地"非遗"项目、民俗文化作为村史展示馆、文化礼堂的必要内容。如水口乡徽州庄村"紫笋茶坊"建成后，主要展示的就是紫笋茶手工制作技艺。

加强茶文化遗迹的保护

自2005年以来，长兴县采取相应措施，对大唐贡茶院遗址、忘归亭、金沙泉、三组九方摩崖石刻、顾渚古茶山等紫笋茶文化遗迹

2013年，第八届世界禅茶文化交流大会开幕式

2013年，第八届世界禅茶文化交流大会上释古雨法师的茶席

进行了保护。在此基础上，又结合水口顾渚茶文化景区建设，将历史茶事古建筑、古遗迹、古茶园一并纳入顾渚茶文化景区建设规划，予以系列性恢复完善。其规划项目投入总资金将达8.5亿元。大唐贡茶院的四期工程项目已经起步。

附录

品茗三绝

紫笋茶、金沙泉、紫砂壶为长兴的"品茗三绝"。其中，金沙泉是紫笋茶和紫砂壶两者间不可或缺的牵手伴侣。

茶水相融的金沙泉

金沙泉位于长兴县城西北16.5公里的水口乡，在顾渚山东南麓（王塔村前），泉眼呈椭圆形，直径约120厘米。泉眼的泉水汩汩涌流，终年不竭。据清《长兴县志》记载："顾渚贡茶院侧，有碧泉涌沙，灿如金星。"故而得名金沙泉。金沙泉上游由斫射岕、悬臼岕、葛岭坞岕三条溪涧汇合成一条长达20多里的金沙溪（又名顾渚溪），流到水口集镇出口。唐代时，水口集镇称水口草市。

据宋嘉泰《吴兴志》记载："泉在贡焙院西，出黄沙中，引入贡焙，蒸、捣皆用之。唐贡泉用两银瓶，宋初一银瓶。"第一位发现顾渚山的茶和水，并使之闻名天下的是唐代茶圣陆羽。到贞元五年（789年），金沙泉与紫笋茶被列为贡品一起进贡，是谓"龙袱裹茶，银瓶盛水"的盛况。

以金沙泉煮水沏紫笋茶，茶汁翠绿，香气扑鼻，啜之甘甜，沁人肺腑。故有"金沙泉中水，顾渚山上茶"的千古民谣。古代的《品茗》一文中也说："金沙水泡紫笋茶得全功，外地水泡紫笋茶只半功。"

唐代湖州刺史裴清在《进金沙泉表》中记载："当贡焙之所居，有灵泉而特异。用之蒸捣，别著芳馨。"即指：贡茶院旁有金沙泉，专门用来加工紫笋茶，用金沙泉蒸后、捣烂时，茶

金沙泉饮用水产品

的芳香特别到位。宋嘉泰《吴兴志》引《统记》载："至贞元十七年（801年）……以东廊三十间为贡茶院，两行置茶碓，又焙百余所，工匠千余，引顾渚泉亘其间，烹蒸涤濯皆用之，非此水不能制也。"加工紫笋茶除了要经过七道工序——采、蒸、捣、拍、焙、穿、封外，《统记》中强调了金沙泉对加工紫笋茶的重要性，还增加了一道"涤濯"工序，即将采来的茶芽放在金沙泉水里漂洗过。

金沙泉水经国家地矿部门鉴定，含有偏硅酸和锶、氡、锌、锰、锂、铁等40多种有益人体健康的微量元素，味甘甜，是未受任何污染

的优质矿泉水。目前市场上已经开发有"大唐贡泉""金沙泉""金沙贡泉"等品牌的矿泉水。1991年，在杭州举办的国际茶文化节上，由长兴县提供的"大唐贡泉"深受来自十八个国家和地区的嘉宾及国内人士的一致好评。目前，金沙泉已被列为国家水源保护区。

茗珍壶贵的紫砂陶艺

紫砂茶具是中国特有的集诗词、绘画、雕刻、手工制造于一体的陶土工艺品。从史料来看，用紫砂制茶具，宋代已有端倪。早在北宋，梅尧臣、蔡襄、苏东坡等文豪就留下了咏茶赞壶的名篇、名句。其中北宋文学家欧阳修诗中的"喜共紫瓯吟且酌，羡君潇洒有余清"，北宋诗人梅尧臣的"小石冷泉留早味，紫泥新品泛春华"，都是赞美紫砂一类茶具的千古绝唱。不过，真正以紫砂制壶蔚然成风的是在明武宗正德年间。

长兴出产紫砂工艺品历史悠久。与"陶都"宜兴的丁山并有南窑北陶之称。长兴的紫砂泥储量在3000万吨以上，所有紫砂陶泥资源和宜兴丁山是同一矿脉。其紫砂陶泥色紫而不姹，红而不嫣，黄而不娇，黑而不墨，泥质细腻。烧制出的紫砂产品，色泽光润，质地坚固，浑朴耐用。紫砂茶具质朴大方，丰富多彩，具有独特的民族风格和实用价值，泡茶不走味，贮茶不变色。紫砂茶具的使用时间越长，器身色泽越光润古雅，泡出来的茶也越醇厚芳香。

长兴的紫砂茶壶，均以手工成型。造型简洁优雅，雕刻装饰得体，结构配合严密，色泽古朴。长兴的紫砂壶、紫笋茶和金沙泉的完美结合，使长兴的茶文化发挥得淋漓尽致。

长兴紫砂工艺经历了半个多世纪的恢复和发展，泥料配制、外观造型、制作烧成等系列流程技法，已成为长兴一项极具特色的工艺制作项目。在其发展过程中，涌现出蒋淦勤、程苗根、吴伟华、吴宝华、郑家统、董建明、蒋兴宜、傅一平、邹望娣等一批国家级的陶瓷艺术大师。

紫砂壶因茶而生。长兴紫砂工艺研究所所长吴宝华被称为"壶怪"。他创作的紫砂壶都是孤品。1997年，他特制的"双龙抢珠香港回归壶"转送给香港特区，其作品以精美的设计、精湛的技艺博得时任国家副主席荣毅仁和全国人大常委会副委员长费孝通以及海内外艺术大师的高度赞誉。吴宝华制作的超薄型茶壶，壶重54克，壶壁仅0.84毫米，盛水达243.3克，于1992年4月申报上海大世界吉尼斯纪录，历经3年多的擂台赛无人打破纪录。1994年，上海吉尼斯总部给吴宝华颁发了104号证书。

陶艺大师程苗根紧扣中国古茶文化，潜心创作紫砂茶具，先后制作了多件陶茶一体的艺术珍品。他制作的"仿古掇球壶"，壶高仅11厘米，最大直径10厘米，在青黑的壶体上微刻了八千三百六十多个字的整部陆羽《茶经》。1999年，此壶荣获"大世界吉尼斯之最"的称号；1993年，他参加"法门寺第一届茶文化研讨会"，参观考察

紫砂壶制作现场

了法门寺出土的唐代宫廷茶具。这些出土茶具已有一千二百年多历史，是世界级珍宝。当时出席茶文化研讨会的专家，得知程苗根是长兴的紫砂陶艺大师，纷纷提议，请他用紫砂陶泥仿制唐代宫廷茶具，程苗根接受了这项制作任务。他通过细致揣摩，多次研试，果然不负众望，成功仿制了唐代宫廷茶具六件套，做工细腻，高贵华丽，模仿逼真，独具匠心，成为我国紫砂仿制的经典。2000年，他又因全国第一届茶文化研究会王家扬会长的邀约，专为中国茶文化研究会制作了100尊紫砂陶陆羽塑像，经缜密的艺术构思，他把茶圣陆羽那种孜孜不倦精研茶事的形象刻画得惟妙惟肖、栩栩如生。

长兴的知名陶艺大师蒋淦勤，在1999年制作的"青蛙莲蓬壶"，经专家评审鉴定为国家级的工艺美术珍品，并由中国工艺美术馆收藏。他在2005年制作的紫砂陶"九件荷花茶具",被收藏于中南海紫光阁。

　　长兴的紫砂陶艺家,还特别擅长制作巨型紫砂壶。目前世界上有10把巨型紫砂茶壶,都是长兴的陶艺大师制作的。这些巨型紫砂茶壶已被日本、新加坡、俄罗斯等国的陶艺爱好者所收藏。最早制作巨型紫砂壶的是长兴县国家级工艺美术大师郑家统。他于1994年10月成功制作了"梅桩紫砂巨壶",此壶用5种色泥精雕细塑而成。壶高110厘米,腹径60厘米,长150厘米,重200公斤,能存水300公斤。此壶被称为"全国第一,华东一绝"。

程苗根仿制的法门寺出土的唐代宫廷茶具六件套(原文物为金银制,仿制品为紫砂陶器)

紫砂陶塑陆羽像（程苗根制）

长兴10把巨型紫砂茶壶中，最珍贵的是长兴国家级陶艺大师程苗根所制的"《茶经》巨壶"，现为日本金谷町茶乡博物馆的镇馆之宝。他与傅键合作的微刻"《茶经》壶"，被誉为"世界第一珍品"。日本著名收藏家成田重行特地赶到长兴，愿以重金收购此壶，被婉言谢绝。2001年，陶艺大师董建明制作的"东坡提梁壶"，是当时世界上体积最大的紫砂巨壶。连壶托一起高1.88米，盛水350公斤，此壶先被长兴一位企业家重金买走，送给东北某重型机械厂，后来辗转流向俄罗斯。而如今程苗根家中陈列的紫砂巨壶"东坡提梁壶"，更为世界一绝，此壶高达2.8米，直径1.8米，能盛水达1.5吨之多，壶壁上精刻陆羽《茶经》一部，并由浙江著名书法家朱关田挥毫留下"天地之心"四个大字。彰显了长兴紫砂茶具以茶为韵，容纳百川的思想艺术境界。

刻有陆羽《茶经》的紫砂壶（程苗根制）

　　长兴所产的紫砂茶具，表现手法丰富多彩，文化内涵博大精深，或以松竹梅、瓜果、走兽为基础造型，或以秦鼎汉器、古玩、人物为摹本。巨壶与孩童等高，小壶则寸柄盈握，刻诗铭画，贵如珩璜，珍同拱璧，有所谓"觅得名人一壶，赛过无价之宝"的说法。自20世纪80年代至今，长兴的紫砂茶具，通过参加国内外工艺美术展览，产品远销日本、泰国、马来西亚、新加坡、法国、美国、德国等四十多个国家和香港、澳门等地区，从而更使中国的茶文化盛誉飘逸于海内外。

后记

　　长兴紫笋茶飘逸着顾渚茶山优雅而静谧的茶香，其制作技艺蕴含着古老而悠久的茶文化史，沿袭着传统而独特的历史文化。着手《长兴紫笋茶制作技艺》一书的编著工作，是一份传承中国茶文化的历史责任，旨在向读者清晰地展示长兴顾渚紫笋茶与茶圣陆羽的不解之缘，顾渚紫笋茶作为皇家贡茶的悠久历史文化，紫笋茶制作技艺承载着的世代茶人的智慧和心血，紫笋茶及紫笋茶文化相继开发的美好前景。

　　为此，我们在编著工作方案的制定、全书目录的设定、资料的撷取等方面，做了大量的前期准备工作。在具体的编著过程中，我们坚持历史性、文化性与科学性，十分注重第一手资料的搜集和整理，力求所述内容真实可信。本书以"国家级非物质文化遗产代表作名录——紫笋茶制作技艺"申报材料为基础，参考、引用了相关著作

　　的内容, 主要有: 陆羽的《茶经》, 清代及当代的《长兴县志》, 长兴县政协文史资料委员会创编的《顾渚紫笋诗文录》、《历代顾渚紫笋诗文录》,《长兴县非物质文化遗产调查卷》,《中国民间文学集成·长兴县故事卷》, 谢文柏的《顾渚山志》, 以及其他作者撰写的文章。对入编的文章, 启用的照片, 均注明其出处。

　　在本书的编校过程中, 我们得到了县文化馆、博物馆同志的帮助。特别是周凤平、林健、王学勤三位同志积极参与和认真协助, 为本书的文字和相关史料的完善做了大量严谨仔细的工作。

　　在本书的审稿过程中, 张全镇、张加强、谢文柏、何光耀、杜使恩、王林福、唐重兴、王冰、梁奕建、李淦成、郑福年、蒋淦勤、程苗根等一批热衷于长兴紫笋茶文化研究的前辈们热忱参与, 并中肯点拨。尤其是王林福、何光耀、谢文柏三位年逾八旬的前辈, 对我们的多次上门请教、电话联系以及对文稿审阅都是不厌其烦,热情认真,给予指导。也感谢审稿专家马其林。

在本书编著工作中,我们还得到了县档案局、县农业局、县旅游局、县博物馆、图书馆、文化馆等单位的帮助,为我们查阅文字、照片等资料提供方便。在实地考察中,水口乡政府、煤山镇政府还专门指派干部、落实人员,为我们爬山攀岭到实地考证做向导。在此我们也表示衷心感谢!

在本书的编著过程中,尽管我们做出了努力,但囿于学识水平,也由于史料的局限,本书肯定存在不少遗憾之处,尚须专家和读者不吝赐教,以便日后完善。

编著者

2014年11月30日

《长兴紫笋茶制作技艺》编委会名单

主　　　任：王庆忠

常务副主任：楼秋红

副　主　任：曾善赐

执 行 主 编：施正强

副　主　编：包莲珠　钱彬欣

编　　　著：（以姓氏笔画为序）

　　　　　　王学勤　许要武　周凤平　金　芸　梁奕建

　　　　　　薛　虔　葛　丹

责任编辑：盛　洁
装帧设计：薛　蔚
责任校对：高余朵
责任印制：朱圣学

装帧顾问：张　望

图书在版编目（ＣＩＰ）数据

长兴紫笋茶制作技艺 / 施正强主编；钱彬欣编著. --
杭州：浙江摄影出版社, 2015.12（2023.3重印）
　（浙江省非物质文化遗产代表作丛书 / 金兴盛主编）
　ISBN 978-7-5514-1182-0

　Ⅰ.①长… Ⅱ.①施… ②钱… Ⅲ.①制茶工艺—长
兴县 Ⅳ.①TS272.4

　中国版本图书馆CIP数据核字(2015)第279439号

长兴紫笋茶制作技艺

施正强　主编　　钱彬欣　编著

全国百佳图书出版单位
浙江摄影出版社出版发行
　　　　地址：杭州市体育场路347号
　　　　邮编：310006
　　　　网址：www.photo.zjcb.com
制版：浙江新华图文制作有限公司
印刷：廊坊市印艺阁数字科技有限公司
开本：960mm×1270mm　1/32
印张：5.5
2015年12月第1版　　2023年3月第3次印刷
ISBN 978-7-5514-1182-0
定价：44.00元